中国当代青年建筑师Ⅲ

下册

CHINESE
CONTEMPORARY
YOUNG ARCHITECTS Ⅲ

何建国 主编

天津大学出版社
TIANJIN UNIVERSITY PRESS

图书在版编目（CIP）数据

中国当代青年建筑师.3.下册 /何建国主编. —
天津:天津大学出版社，2015.1
　ISBN　978-7-5618-5228-6

　Ⅰ．①中···Ⅱ．①何···Ⅲ．①建筑师—生平事迹
—中国—现代②建筑设计—作品集—中国—现代　Ⅳ.
①K826.16②TU206

　中国版本图书馆CIP数据核字（2014）第296238号

主　　办　《中国当代青年建筑师》编委会
承　　办　北京中联建文信息咨询中心
媒体支持　中国建筑师联盟网（www.CACD.org.cn）
主　　编　何建国
执行主编　王红杰
统　　筹　何显军
编辑部主任　刘胜
编　　辑　李伟林　　张辉　林新　宋扬　高慧　刘琴　李红芸　李兆臣　　王松
美术设计　何世领
责任编辑　油俊伟

出版发行　天津大学出版社
出 版 人　杨欢
地　　址　天津市卫津路92号天津大学内（邮编：300072）
电　　话　发行部：022—27403647
网　　址　publish.tju.edu.cn
印　　刷　北京华联印刷有限公司
经　　销　全国各地新华书店
开　　本　285mm×280mm
印　　张　25.33
字　　数　463千
版　　次　2015年1月第1版
印　　次　2015年1月第1次
定　　价　349.00元

（凡购买本书，如有缺失、脱页、请向本社发行部调换）

前言
PREFACE

　　中国当代的青年建筑师是一股不可忽视的力量，他们在建筑界声名鹊起，他们所承接的项目的分量也在日渐加重，他们在中国建筑大发展的时代背景下，有更多的机会施展才华，有理论和实践紧密结合的成长轨迹，必将成为未来建筑设计的中坚力量！

　　他们作为中国建筑史发展的一个片段，展现出了这个层面应有的风貌。面对激烈的市场竞争，在复杂的建筑行业链条中，许多青年建筑师执着追求、蓄势待发，他们也需要更多的肯定和鼓励！

　　今天，关注青年建筑师的发展，不仅是市场需求，更是中国设计崛起的标志！

编者

中国当代青年建筑师Ⅲ
CHINESE CONTEMPORARY YOUNG ARCHITECTS Ⅲ

目录（下册）

庞博
博蓝建筑设计

076

乔雪松
上海彬占建筑设计咨询有限公司

084

祁斌
清华大学建筑设计研究院有限公司

092

邱慧康
深圳市库博建筑设计事务所有限公司

102

苏志伟
中国建筑东北设计研究院有限公司

110

孙浩
中国建筑西南设计研究院有限公司

118

孙晓强
西北综合勘察设计研究院

126

唐大为
深圳市建筑设计研究总院有限公司

134

唐聘
上海承构建筑设计咨询有限公司

142

中国当代青年建筑师Ⅲ
CHINESE CONTEMPORARY YOUNG ARCHITECTS Ⅲ

目录（下册）

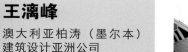

肖申君
上海现代建筑设计(集团)有
限公司现代都市建筑设计院

224

肖诚
深圳华汇设计有限公司
（HHD-SZ）

232

杨武
CDG国际设计机构
（西迪国际）

240

詹晟
上海三益建筑设计有限公司

248

张凯
英国UK.LA太平洋远景国际
设计机构

256

张小波
四川中泰贵嘉建筑设计有
限公司

266

朱军峰
北京容观国际建筑设计事务
所有限公司

274

郑灿
场脉建筑设计(上海)有限
公司

282

周相涵
CCDI悉地国际医疗健康
事业部

290

李亦农

出生年月：1970年08月
职　　务：北京市建筑设计研究院有限公司/副总建筑师
　　　　　北京市建筑设计研究院有限公司/院属6A8建筑工作室/主任/总建筑师
　　　　　北京建筑工程学院建筑学院/建筑设计及其理论专业/硕士研究生导师
职　　称：教授级高级工程师/国家一级注册建筑师

教育背景
1994年　清华大学/建筑学院/建筑系/建筑学/学士
1997年　清华大学/建筑学院/城市规划/硕士

工作经历
1997年08月—1999年03月　北京市房屋建筑设计院/建筑师
1999年04月—2012年05月　北京市建筑设计研究院/六所/6A3建筑工作室/主任/主任建筑师
2012年06月—2014年02月　北京市建筑设计研究院有限公司/院属6A8建筑工作室/主任/主任建筑师

个人荣誉
2006年　获第六届中国建筑学会青年建筑师奖

主要设计作品
一、科研实验建筑
　　清华大学物理楼
　　首都医科大学科研楼
　　清华大学综合科研楼一期1号楼
　　北京市药品检验所新所项目
二、文化教育建筑
　　银帝艺术馆
　　中国雕塑园院
　　房山世界地质公园博物馆
　　陕北天然气进京市内工程培训中心一期

三、办公建筑
　　天恒置业大厦
　　北京佳汇国际中心
　　北京市政务服务中心
　　北京市民主党派和人民团体办公楼
　　北京燃气集团生产指挥调度中心工程
　　中共中央外宣办新闻发布大厅及业务用房

四、规划设计
　　神华宁煤集团总部基地规划
　　金尊国际大厦（大型商业综合体）
　　濮阳市油田商贸中心概念性规划设计
　　西城区桃园地区非配套公建区规划设计
　　清华大学东柳村科研实验建筑群规划设计

五、居住区规划与住宅设计
　　天恒乐活家园
　　银帝宝湖天下
　　万通华府三期
　　天竺新新家园项目三期
　　房山区长阳站7号地西城区旧城保护定向安置房

建筑思想及实践
　　李亦农建筑师自从业以来一直致力于原创公共建筑的设计工作，保持着对建筑事业的热爱，在实践中不懈追求，并逐步树立自己的建筑观，认为建筑师及其作品应以服务大众，服务社会为根本宗旨，在设计中始终追求原创性，追求作品的高完成度。专项涵盖政府办公建筑、企业集团总部办公、科研实验建筑、文化建筑、商业建筑、大型居住区规划与设计等，设计项目多次获市级及院级奖项。同时担任北京市建筑工程学院"建筑设计及其理论"硕士研究生导师，以实际工程为基础，展开相关科研工作并发表多篇论文。

地址：北京市西城区南礼士路建威大厦716
电话：010-88021538
传真：010-88021538
网址：www.biad.com.cn

6A8建筑工作室是北京市建筑设计研究院有限公司的院级直属工作室。
　　建筑改变城市，改变我们身处其中的社会，也改变每一个人。在高速城市化背景下，BIAD 6A8的建筑师们追求理性思维引导下的原创设计，注重建筑作品的城市属性及社会属性。通过高完成度的建筑作品创造价值，通过创新的设计满足并发展人们的生活方式，激发人们对新生活的向往。我们的设计实践涵盖民用建筑、科研实验建筑、文化建筑、政府办公、企业集团总部、商业综合体、大型居住区等。"以人为本"是我们的核心建筑观，我们努力通过设计实践，带领人们无限地接近美丽梦想。

BEIJING FANGSHAN GEOPARK MUSEUM

北京房山世界地质公园博物馆

项目业主：北京市房山区政府　　建设地点：北京
建筑功能：展览、研究　　　　　用地面积：61 000平方米
建筑面积：10 004平方米　　　　设计时间：2007年—2010年
项目状态：建成
设计单位：北京市建筑设计研究院有限公司6A8建筑工作室
主创设计：李亦农
设计团队：BIAD 6A8工作室（建筑）
　　　　　北京市建筑设计研究院有限公司第六设计院（结构机电）
获奖情况：获2011年首都第十八届城市规划建筑设计方案汇报展优秀方案奖
　　　　　（授奖部门：北京市规划委员会）
　　　　　获2013年北京市第十七届优秀工程奖一等奖
　　　　　（授奖部门：北京市规划委员会）
　　　　　获2014年中国建筑学会建筑创作奖公共建筑类银奖
　　　　　（授奖部门：中国建筑学会）

北京房山世界地质公园以其丰富的地质资源，被联合国教科文组织授予"世界地质公园"桂冠，使北京成为世界上第一个拥有"世界地质公园"的首都城市。作为地质公园揭碑开园的重点工程，房山世界地质公园博物馆不仅要起到科普展示、典型地质构造演示的功能，同时作为地标性建筑也要起到区域名片的作用。

项目位于房山区长沟镇，其中博物馆5 000平方米，包括展厅及4D影院、旅游咨询服务及培训等配套设施5 000平方米，主体三层，总高24米。

项目的难点是在破碎的自然地形上建设功能复合的科普博物馆。

建筑师以"道法自然"为理念，通过对自然的解读，梳理建筑与山脉水体等环境要素的关系，用人工建筑修复自然，形成自然爬升的如岩石山体般硬朗的整体造型，虚实相生的三大体量相融合，并结合动态的场所体验形成连续的展示空间。建构的全过程注重对特有环境的表现，表皮选用当地特有的绿色板岩和毛石等建筑材料，整个建筑宛如从地表隆起的巨石，与一岱远山遥相呼应，凸显了本土建筑文脉的主题，弘扬了建筑与场所的整体精神。

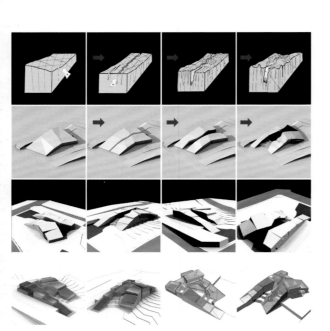

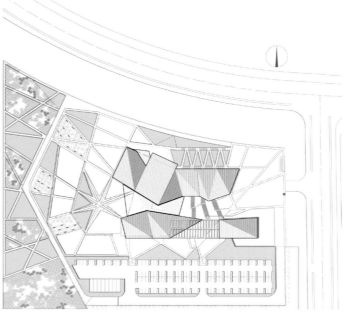

总平面图

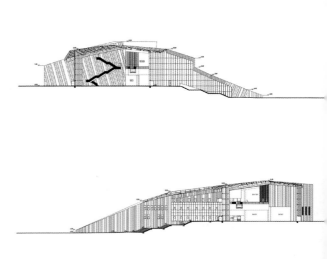

剖面图

PHASE I BUILDING OF INTEGRATED RESEARCH BUILDING, TSINGHUA UNIVERSITY

清华大学综合科研楼一期1号楼

项目业主：清华大学　　　　建设地点：北京　　　　　　　　建筑功能：科研、教学
用地面积：8 717平方米　　 建筑面积：45 450平方米　　　 设计时间：2007年—2010年
项目状态：建成　　　　　　设计单位：北京市建筑设计研究院有限公司6A8建筑工作室　主创设计：李亦农
设计团队：BIAD 6A8工作室（建筑）
　　　　　北京市建筑设计研究院有限公司第六设计院（结构机电）

　　项目位于清华大学校园内，随着学校的发展，校内科研用房严重不足。作为通用性较强的综合科研楼，其建设目的就是为缓解这一问题。
　　设计的核心是创造高效可持续的科研空间，同时通过对校园文脉的研究，构建延续的校园空间，维持校园文化的演进，做到"水木清华人文日新"。
　　依据功能需求，布局模式确定为主体简洁明了的双板式布局，每栋板楼标准层均为南北向长短跨，南向为小进深，为教师办公研究用房。配合以每跨四窗划分的立面，每跨可分为2间、3间或4间，最大限度地满足了不同学科教师的研究用房需求。
　　建筑师努力通过技术优化和空间整合，使首层庭院、下沉庭院不再是消极的后院，而是整合建筑各主要出入口的活力空间。师生可在银杏树下或U玻廊内休憩，互相激发灵感。庭院由两层高的公共空间直接围合，形成了尺度适宜的公共交流与活动空间。
　　体形与表皮一体化设计，在体块塑造上利用红白对比，强化板楼的体块切分，将两栋板楼化分为四片，适度缩小体量，在同一面内运用编织手法，形成了红白相间的南立面表皮，室外色彩质感延续至各层公共空间及首、二层大厅，精细的仿砖涂料分格设计，和模仿水刷石、干粘石效果的涂料对比使用，无处不给人以老校区的怀想，现代手法使校园精神得到了传承与发扬。

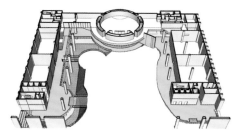

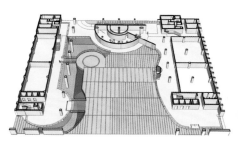

分层剖切图

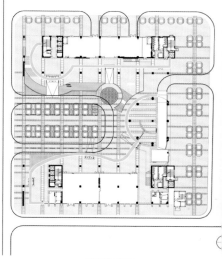

首层平面图

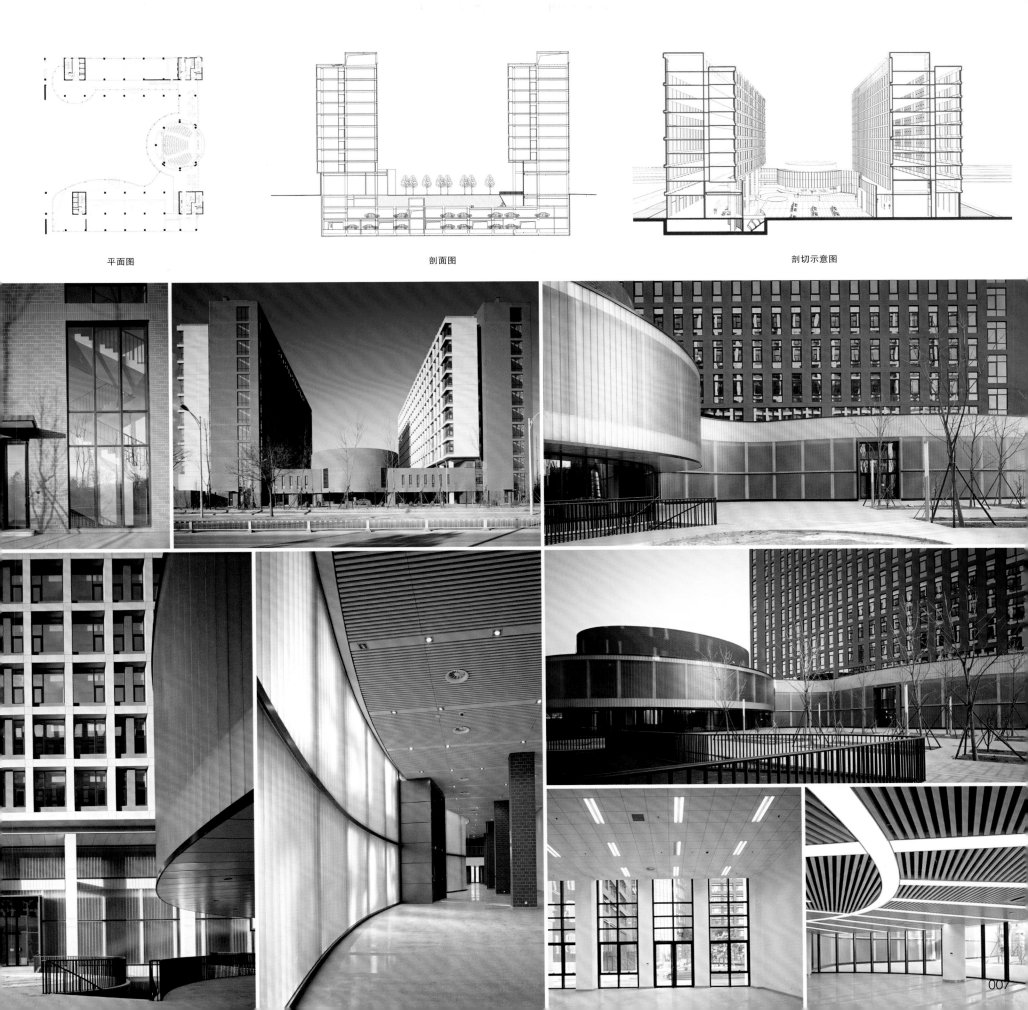

平面图   剖面图   剖切示意图

CAPITAL MEDICAL UNIVERSITY RESEARCH BUILDING

首都医科大学科研楼

项目业主：首都医科大学　　建设地点：北京
建筑功能：科研、教学　　　用地面积：38 539 平方米
建筑面积：42 129平方米　　设计时间：2006年—2010年
项目状态：建成　　　　　　主创设计：李亦农
设计单位：北京市建筑设计研究院有限公司6A8建筑工作室
设计团队：BIAD 6A8工作室（建筑）
　　　　　北京市建筑设计研究院有限公司第六设计院（结构机电）
获奖情况：获北京市建筑设计研究院优秀工程奖一等奖

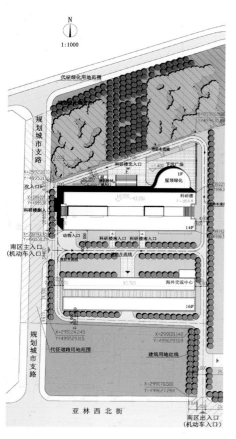

首都医科大学是北京市属重点院校，是北京市医学教育的主要承担者。凉水河把校区分隔为南、北两个校园。项目位于南校园北侧，紧邻城市绿化带。设计理念包含三部分。

（1）完善校园规划。以科研楼为主体整合南校园规划布局，形成新校区高品质的校园环境和以人为本的建筑空间；继承首医大一贯正南北向布局、沿纵深排列的传统规划方式。

（2）研究实验室设计发展的最新趋势，并应用到设计实践中。空间设计考虑到开放性与封闭性的结合与平衡，创造出鼓励相互交流、激发团队精神的建筑空间；实验室的灵活可变性，使其适应不断进步的科学研究工作，建筑具有可持续发展性。

（3）从科研楼的使用功能和医学院校的文化内涵出发的体形与表皮设计。科研楼以被分为三段的长方体为主体，方正的主体显示科学研究的理性与严谨，而流畅圆润的曲面体暗喻医学科学的对象——生命的有机体，两者的结合恰好体现了医学院校的实质。

李敬军

出生年月：1963年06月
职　称：国家一级注册建筑师/高级建筑师
职　务：陕西省建筑设计研究院有限责任公司/副总建筑师
　　　　李敬军工作室/主持建筑师
　　　　西安交通大学/人居学院/兼职教授
　　　　陕西省优秀勘察设计师

教育背景
1988年　西安长安大学/建筑系/建筑学专业
2000年　葡萄牙波尔图建筑学院/学习研修
2002年　日本建筑事务所/学习研修

工作经历
1988年—1999年　中国建筑西北设计研究院
2003年至今　陕西省建筑设计研究院有限责任公司

主要设计作品
四川江油李白故居仿唐建筑群项目
西安利君集团"V时代"大厦
中国银行客服中心（西安）
西安国际港务区综合服务办公楼
府谷金世纪综合服务办公大楼
陕西省公路勘察设计院办公基地
机场高速管理中心综合楼

宋超时

出生年月：1967年12月
职　称：正高级工程师/国家一级注册建筑师
职　务：陕西省建筑设计研究院有限责任公司/副总建筑师

教育背景
1991年　哈尔滨建筑工程学院/建筑学/硕士

工作经历
1991年—1994年　哈尔滨建筑工程学院设计院
1994年至今　　陕西省建筑设计研究院有限责任公司

主要设计作品
秦始皇兵马俑博物馆综合服务楼
荣获：陕西省第十一次优秀工程设计省级二等奖
秦始皇兵马俑博物馆秦陵学术报告厅
荣获：陕西省第十三次优秀工程设计省级二等奖
西安市西大街荣民大酒店及荣民国际商务中心
秦始皇兵马俑博物馆二号坑屋面维修改造
西安尚品桃源居住宅小区项目
荣获：全国人居建筑规划设计方案竞赛建筑金奖
陕西省府谷县新区金世纪综合楼、会展中心
曲江紫汀苑住宅小区
延长石油宾馆
荣获：陕西省第十七次优秀工程设计省级一等奖
振业泊墅二期住宅小区

陶小明

出生年月：1973年04月
职　称：国家一级注册建筑师/高级建筑师
职　务：陕西省建筑设计研究院有限责任公司/副总建筑师
　　　　陶小明工作室/主持建筑师
　　　　西安建筑科技大学/兼职教授
　　　　西安市城市创作委员会委员

教育背景
1992年—1996年　华中科技大学/建筑学专业/工学学士

工作经历
1996年—2003年　陕西省建筑设计研究院有限责任公司
2003年—2004年　英国IPTC建筑设计事务所
2004年至今　　陕西省建筑设计研究院有限责任公司

主要设计作品
陕西国际旅游港
陕西师范大学艺术学院教学楼、剧场
中铁洛克国际大厦项目
汇通国际住宅小区项目
商郡城暨万豪万怡酒店项目
陕西山昊利兹瀚宫项目
冠诚·九鼎国际项目

SADRI

地址：西安经济技术开发区文景路58号
邮编：710018
办公室电话：029-87271682
技术质量部电话：029-87282908
生产经营部电话：029-87217449
传真：029-87271682
网址：www.sadria.com
电子邮箱：sadria@163.com

陕西省建筑设计研究院（有限责任公司）成立于1953年4月，是陕西省省属规模最大的建筑设计单位，于2005年2月整体改制为享有独立法人资格的股份制科技型企业，注册名称为"陕西省建筑设计研究院有限责任公司"。本公司现有职工526人，其中教授级高级建筑（工程）师20人、国家一级注册建筑师25人、一级注册结构工程师39人、注册规划师3人、注册造价咨询工程师6人、高级建筑（工程）师103人、建筑（工程）师163人、会计师2人。

我公司在各类大型公共建筑、医疗建筑、学校建筑、体育建筑、博物馆建筑、传统仿古建筑、超高层建筑、大型商业综合体、大型高档住宅小区规划及设计、环境景观和古典园林设计等方面具有显著优势，工程设计项目遍布全国。

我公司整体技术力量雄厚，生产管理严格，设备配套齐全，实践经验丰富，具备下列资质证书：国家住建部建筑行业建筑工程甲级 [A161000782]、国家住建部工程监理企业甲级[（建）工监企第（041215）]、国家发改委工程咨询建筑专业乙级[工咨乙13220090004]、环境工程乙级[A261000789]、陕西省施工图审查认定机构房屋建筑一类[26031]、城乡规划编制乙级[（陕）城规编第092042号]、文物保护工程勘察设计丙级[S0203SJ01]，ISO 9001:2008质量体系、EMS环境管理体系和OHSAS职业健康安全管理体系认证。

我公司从事工程设计和相关科学研究60年，完成各类大中型工业与民用建筑上千项，标准设计十几项。自1980年以来，获省部级优秀设计奖一百多项。我公司先后被中国勘察设计协会评为"诚信单位"，被陕西省企业信用协会评为"陕西省诚信企业"，被西安市城乡建设委员会评为"5A级信用企业"，被陕西省经济发展促进会评为陕西省建设行业"十大品牌"单位，被中国建筑学会评为"当代中国建筑设计百家名院"，进入了全国建筑设计先进行列。

我们将继续坚持"创新设计、确保质量、诚信服务、顾客满意"的质量方针，为顾客提供符合国家、地方法规要求的优秀设计产品和服务。

XI'AN LIJUN GROUP "V ERA" BUILDING

西安利君集团 "V时代" 大厦

项目业主：利君集团有限责任公司
建设地点：陕西 西安
建筑功能：办公
用地面积：6 151平方米
建筑面积：57 000平方米
设计时间：2006年
项目状态：建成
设计单位：陕西省建筑设计研究院有限责任公司
主创设计：李敬军、石雷
获奖情况：获2011年陕西省优秀工程设计一等奖

设计构思：经开门户，创造出具有人性化、个性化、现代化的城市景观。

将利君集团形象标志化，体现"团结、拼搏、一流"及生长型发展企业的精神，表达日益壮大的利君再造的特征。功能定位市场化，资金投入市场化，构建集商业开发、休闲娱乐、饮食健身及LOFT新一代办公于一体的国际化概念航母商务中心。

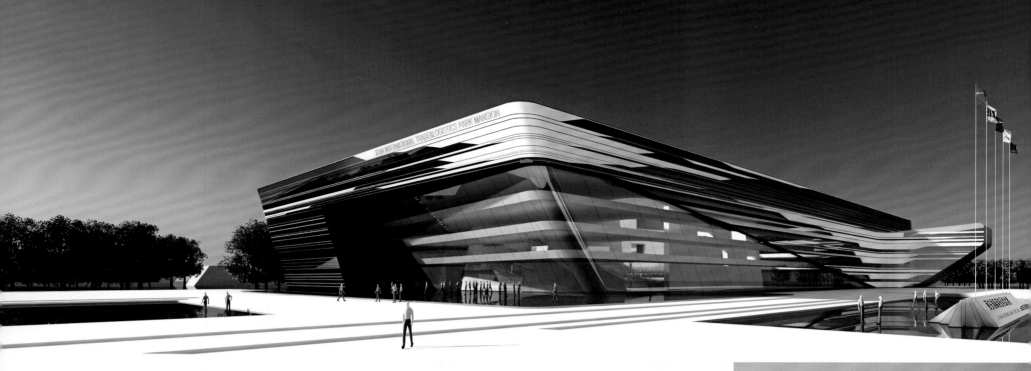

INTEGRATED SERVICES OFFICE OF XI'AN INTERNATIONAL TRADE & LOGISTICS PORT

西安国际港务区综合服务办公楼

项目业主：西安国际港务区管委会
建设地点：陕西 西安
建筑功能：办公
用地面积：56 286平方米
建筑面积：40 770平方米
设计时间：2009年
项目状态：建成
设计单位：陕西省建筑设计研究院有限责任公司
合作单位：墨臣建筑设计有限公司
主创设计：李敬军、乔登超
获奖情况：获2012年优秀工程设计一等奖

　　设计构思："港务综合楼"以简洁、明快、富有时代气息的形象成为了西安国际港务区的标志性景观建筑，它将不仅是一个面向世界的窗口，更是一个时代的象征。
　　"现代、国际、生态、宜商宜居"的理念，契合了西安国际港务区以现代物流和现代服务业为特色，构建业态新建筑的要求。

TANG-STYLE BUILDINGS OF FORMER RESIDENCE OF LI BAI, JIANGYOU SICHUAN PROVINCE

四川江油李白故居仿唐建筑群

项目业主：四川江油市政府　　建设地点：四川 江油
建筑功能：办公　　　　　　　建筑面积：5 490平方米
设计时间：2002年　　　　　　项目状态：建成
设计单位：陕西省建筑设计研究院有限责任公司
主创设计：李敬军、贾伟
获奖情况：获2004年四川"太白杯"优质工程一等奖

设计构思：诗意的建筑群落，李白诗篇中所蕴含的浪漫主义精神，如青莲山水美景，星河白日皆为诗中情景，左有濂水环绕，右有涪江环抱，景区山水灵秀，仙气飘渺。设计在逶迤秀丽的山顶依山就势，布置了一组仿唐建筑，追忆李白诗篇千古不灭的风采。

江油市李白故里
名胜风景区
天宝山
太白楼
群体仿唐

YANCHANG PETROLEUM HOTEL (ZAOYUAN HOTEL)

延长石油宾馆（枣园宾馆）

项目业主：延长石油（集团）有限责任公司
建筑功能：五星级酒店、会议中心
建筑面积：66 905平方米
项目状态：建成
参与设计：张建军、袁江、杜湛茹、蒋俐颖、李林
获奖情况：获2012年陕西省第十七次优秀工程设计省级一等奖

建设地点：陕西 延安
用地面积：54 610平方米
设计时间：2007年07月
主创设计：宋超时

　　延长石油宾馆（枣园宾馆）位于陕西省延安市西北川新区枣园路，距枣园革命圣地仅1.5千米，是一座五星级酒店建筑，兼有大型会议中心和接待国家级贵宾的功能。建筑整体上为园林式布局，酒店及会议中心区与贵宾接待区分别独立布置，贵宾区自成院落。五星级酒店及会议中心主入口均面向枣园路。

　　酒店及会议中心包括地上十层、地下一层，为主楼带裙房的建筑形式，主楼为十层板式建筑，主要功能为客房，裙楼以三层为主，分为酒店餐饮服务区和会议中心区，餐饮服务区集中在主楼南侧，会议区布置在主楼东北侧，两者既相对独立又联系紧密。贵宾接待区包括一栋总统级贵宾楼、一栋部长级贵宾楼，均为地上二层。

　　建筑采用具有鲜明延安地方传统特色的窑洞拱窗、灰色坡屋檐等建筑符号，加上环境绿化与建筑的相互映衬，使整个建筑组群既有现代感又展现了鲜明的延安地方特色。

SHAANXI SHAN HAO LEEDS HAN PALACE

陕西山昊利兹瀚宫

项目业主：陕西山昊实业有限公司
建设地点：陕西 西安
建筑功能：商业、办公、公寓、娱乐
用地面积：一期用地7 667平方米 二期用地4 667平方米
建筑面积：54 737.7平方米
设计时间：2011年08月
项目状态：在建
主创设计：陶小明
参与设计：李虓、和岩
获奖情况：获2012年全国人居经典建筑规划设计方案竞赛建筑金奖

以现代建筑的表现手法体现陕西关中民族文化，提升城市品位。

以稳定的建筑结构模数来适应多样的动能空间以及未来发展的不可预测性，以多变的空间结构使得建筑达到最大的灵活性。在此基础之上形成有序、严谨的发展模式和有机的整体。

建筑布局考虑周边环境道路因素，尊重周围环境规划，充分挖掘用地潜力，注重开发运营要求与城市总体规划要求的对接，即因地制宜，融合地域环境。

建筑造型简洁大方，体现现代感，通过部分竖向分割以及现代建筑的技术表现手段使建筑具有现代化的时尚感，暖色调的外立面使建筑更显高贵，体现出高品质的居住价值。由于地形限制，一期和二期建筑要考虑视线污染的视距，二期公寓主楼采用9米高的错层设计，既减少了对一期的视线污染，又保证了二期立面在二环沿线的整体造型更加丰富，韵律感更强。

CRCC LOCKE INTERNATIONAL BUILDING

中铁洛克国际

项目业主：中美房地产股份有限公司
建设地点：陕西 西安
建筑功能：住宅、商贸、办公、休闲、娱乐
建筑面积：57 433平方米
建筑高度：99.90米
设计时间：2002年
项目状态：建成
主创设计：陶小明、央金拉姆
获奖情况：获2013年陕西省第十七次优秀工程设计评选一等奖

中铁洛克国际（原西安天创数码大厦），2005年完成主体施工，2008年由西安天创房地产公司委托我院重新对外立面进行了优化设计，于2009年10月全部完工并投入使用。

该项目位于西安高新技术产业开发区高新区唐延路与唐新街坊路交叉十字的东北角，为一栋28层高的综合办公楼，结构形式为框架剪力墙，建筑高度为99.90米，底部4层为商业裙房，5~28层为办公空间。规划用地面积0.68公顷，总建筑面积57 433平方米。设计师在设计的过程中始终贯穿"以人为本"的设计思想，研究办公人群的行为流线及心理，营造尺度适宜的办公空间，充分体现现代办公模式的亲和性。鉴于该项目独特的地理位置，设计师无论是在体量组合、视觉尺度还是外立面颜色的设计上都营造出了一种强烈的视觉冲击。此外在整个大楼的通风方面采用独特设计，在凹口阳台处采用镂空天井设计，上下连通的拔风效应特别明显。运用凹凸、对比、重复等表现手法，充分表达了该项目的时代性特征。

CULTURAL CENTER OF ECONOMIC DEVELOPMENT ZONE

经开区文化中心

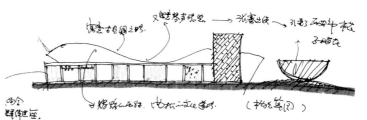

项目业主：西安经济技术开发区管委会　　建设地点：陕西 西安
建筑功能：办公　　　　　　　　　　　　用地面积：29 271平方米
建筑面积：32 350平方米　　　　　　　　设计时间：2009年
设计单位：陕西省建筑设计研究院有限责任公司　　主创设计：陶小明
参与设计：王敏、张明俊

建筑风格

　　具有现代建筑的设计理念，融入了文明古城特有的建筑元素。以建筑细节表现建筑品质，色彩稳重大方，与周边建筑及周边环境相协调。

　　考虑地块南侧紧邻人大主任楼、政协主席楼，设计中规避了拟建建筑对相邻楼位造成的影响。

　　在总图布置上一方面要考虑日照、朝向，另一方面要充分考虑区域外部的景观资源，同时注意营造良好的内部环境。在总体规划时则做到了人流、车流线路明确流畅、互不干扰，合理组织交通。

建筑品质

　　反映出开放进取的精神内涵，体现出世界水平的前瞻性及独创性，创造了一个功能合理、设施完善、一流水准的会议中心兼顾文化艺术功能，实现了功能性与文化底蕴的完美结合，力争成为在国内有相当影响力及一定知名度的文化交流场所。

　　运用多种技术措施，实现每个空间的特殊功能要求，并使每一种功能均达到最佳的声学效果、灯光效果、舞台效果，为会议及观演各类艺术活动创造良好的条件和环境。

　　在建筑艺术、建筑技术及其经济性之间寻求平衡，考虑项目适当的经营开发，使建筑在技术上及经济上均具有可行性。

　　注重项目的生态及可持续发展。

　　建筑风格、环境景观应注重与周边建筑、环境相协调统一，突出现代感，同时体现出文明古城特有的建筑元素所具有的深厚文化内涵。

景观

　　自然、现代、简洁。

　　有价值感，有品位，但不张扬、不夸张。

建筑定位

　　经开区文化中心作为西安市行政中心配套工程，是市委、市政府施政、理政，市民参政、议政，西安城市对外文化交流活动的平台，是对外展示城市风格的窗口。整体建筑造型做到与周边建筑风格、环境相协调，既体现了西安传统文化元素，又体现出国际化的内涵。

 中国建筑上海设计研究院有限公司
CHINA SHANGHAI ARCHITECTURAL DESIGN & RESEARCH INSTITUTE Co.,Ltd

李犁

出生年月：1966年03月
职　　务：第九设计院副院长/李犁工作室主持人
职　　称：高级建筑师

教育背景
1987届　东南大学/建筑系/建筑学

工作经历
上海华东建设发展设计有限公司/副总建筑师/第二综合所所长
加拿大BSN建筑师事务所/上海办事处/设计总监
中国建筑上海设计研究院有限公司/第八、四设计所所长/创作中心设
宁夏国宾馆
宣城体育中心
宿州中央大厦
南汇体育中心
上海车市汽车展示中心
大连甘井子区行政中心
航天局805所太空对接实验室
青浦百联桥梓湾商城二期
苏州工艺品交易城概念规划设计

地址：中国·上海市普陀区武宁路501号27楼
总机：021-31335760
传真：021-31335762

中国建筑上海设计研究院有限公司是以建筑设计为主的国家大型甲级建筑设计院，是中国建筑工程总公司的核心成员企业。中国建筑工程总公司是全球最大的建筑房地产综合企业集团，是中国最大的房屋建筑承包商，2012年"财富世界500强"排名列第100位。

项目为商居综合用地，是商业
心结合高档生活区的标志性建筑。

项目规划设计原则：

（1）合理利用土地，妥善处理
状，规划开发进程，建立人与自
有机和谐的统一体；

（2）充分体现"以人为本"的
想，21世纪，针对居民经济水平
提高和生活方式的不断更新，为
满足居民的生理和心理的各种需
，我们要努力创造富有特色的城
景观和富有吸引力的居住环境；

（3）坚持环境生态化的原则，
满足日照、采光和通风的要求；

（4）注重开发经济效益，为商
化经营、社会化管理创造条件，
握实际性问题，提出切实可行的
施，确保规划管理的可操作性。

XINTIANDI PLANNING RUGAO, JIANGSU

江苏省如皋新天地规划

项目业主：南通万城置业有限公司
建设地点：江苏 如皋
建筑功能：商业、住宅
用地面积：7 315平方米
建筑面积：37 012平方米
设计时间：2012年
项目状态：一期工程
设计单位：中国建筑上海设计研究院有限公司
主创设计：李犁

STATE HOTEL DHAKA
BANGLASESH

孟加拉达卡国宾馆

项目业主：孟加拉国军方
建设地点：孟加拉国 达卡
建筑功能：酒店建筑
用地面积：8 898平方米
建筑面积：66 407平方米
设计时间：2014年
项目状态：设计中
设计单位：中国建筑上海设计研究院有限公司
主创设计：李犁、王志刚、杨帆

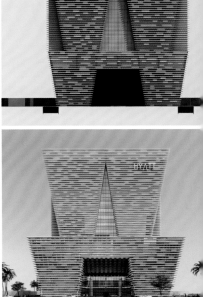

凯悦酒店位于城市中心区。在西侧，机场路从北通向南，北侧为4层的BRTA（孟加拉道路运输局）办公楼，南侧为Elenbari政府办公总部，3~5层高，PDB（孟加拉电力发展局）的培训学校在基地东侧。

建筑师的设计目标是把国宾馆建设成达卡的象征、最新的旅游景点、城市的新地标。设计导则是最大限度利用基地，高容积率、建筑覆盖率，设计特殊形体，将基地开放给公众，减少占地率。

形体研究理念：与路易斯·康的国际建筑风格相结合，使国宾馆富于新的国际建筑风格，更加本土化，体现出路易斯·康的国际建筑风格。

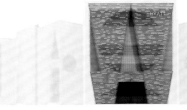

XISHUANGBANNA WANDA INTERNATIONAL RESORT

西双版纳万达新城国际度假区

项目业主：大连万达集团股份有限公司
建设地点：云南 西双版纳
建筑功能：旅游、度假
用地面积：1 265 485平方米
建筑面积：2 447 789平方米
设计时间：2013年
项目状态：一期工程竣工
设计单位：中国建筑上海设计研究院有限公司
主创设计：李犁、杨崛、范晓剑

　　项目位于西双版纳傣族自治州景洪市西北部，项目占地6平方千米，由万达集团、泛海集团、一方集团、亿利集团以及联想集团联合投资，旅游项目总投资150亿元，是西南地区投资最大的旅游项目，从项目启动之日即以国际化、生态化的理念进行开发，力图打造高品质的国际旅游度假区。该项目为先期启动部分。

　　规划结构要素：
　　（1）功能景观核心——氧吧疗养中心、高尔夫会馆、体育休闲公园中心、商务酒店会议中心；
　　（2）功能景观节点——商业服务区、文化休闲区、教育功能区、农业观光区；
　　（3）相对独立片区——包括高尔夫健身区、温泉度假村以及环路所串联的以住宅功能为主的片区，住宅以组团式布局，形成"建筑泡在绿化中，岛屿漂在水面上"的空间意向。

水上叶子

水弯
绿弯
山弯

水域

建筑　山　建筑

水域

ANSHAN GANGLONG CITY
COMMERCIAL PLAZA

鞍山港龙城市商业广场

项目业主：鞍山港龙高鑫房地产开发有限公司
建设地点：辽宁 鞍山
建筑功能：商业建筑
用地面积：419 444平方米
建筑面积：1 539 240平方米
设计时间：2013年
项目状态：一期工程竣工
设计单位：中国建筑上海设计研究院有限公司
主创设计：李犁、孙建峰

红山文化是我国东北地区的新石器时代文化，亦称"史前文化"，距今约5 000年。红山文化的象征——中华第一龙玉雕，器形舒展，吻部高昂，毛发飘举，极富动感。同时又与港龙集团的企业标志不谋而合。项目商业部分形态呈流线型沿街而开，恰似一条巨龙昂然而卧。

鞍山港龙城市商业广场

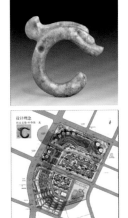

刘峰

出生日期：1973年01月
职　　务：中科院建筑设计研究院有限公司/副院长、常务副总建筑师
职　　称：国家一级注册建筑师/高级建筑师

社会工作
中国科学院青年联合会委员
《中国建筑设计作品年鉴》编纂委员会特邀编委
《中国绿色低碳建筑创新成果汇编》编委
北京市评标专家库成员

教育背景
1997年　同济大学/建筑学/硕士

工作经历
1997年　　中国科学院北京建筑设计研究院（原名）
1997年至今　中科院建筑设计研究院有限公司（现名）历任建筑师、所长、副总建筑师、正副院长等

工作体会
建筑师职业最初就是手工艺者、匠人，接受了文人墨客的文化熏陶，就演变为文人、艺人；这就决定了其工作特质——工于笔墨而成于意境。所谓功夫在诗外、时势造英雄，"巨匠、大师"毕竟是凤毛麟角的开拓者。建筑师的工作就是在现实与未知间发现问题、解决问题、寻找答案，享受每一次创作的冥思苦想和激情澎湃，抓住机会努力实践。

主要学术研究成果
绿色低碳建筑创作　　　　　　　　生态科研园区研究
高层科研建筑BIM技术应用及设计研究　城市综合体创作研究

个人荣誉
2012年第九届中国建筑学会青年建筑师奖
2012年中国建筑设计行业杰出贡献人物奖

主要设计作品
郑州隆福国际项目
荣获：2012年北京市第十六届优秀工程设计三等奖
　　　2009年全国人居经典建筑规划设计方案竞赛建筑金奖
广州市亚运城岭南水乡民俗主题建筑（合作设计）
荣获：2012年北京市第十六届优秀工程设计三等奖
中国农业大学生命科学楼
荣获：2011年北京市第十五届优秀工程设计三等奖
四川阿坝九寨沟国际大酒店（合作设计）
荣获：2010年中国建筑学会建国60周年建筑创作奖
石家庄国际会展中心
荣获：2008年国际竞标优胜方案奖
天津西青假日风景花园
荣获：2006年中国土木工程学会詹天佑大奖优秀住宅小区金奖
　　　2005年全国双节双优杯住宅方案竞赛金奖
中科院寒区旱区环境与工程研究所研发平台项目
中科院电工研究所电气科学研究及测试平台项目
国家大科学装置绿色科技园
北京奥运园区（科学园南里）城市综合体
中科院地球化学所金阳新所园区
海南三亚亚龙湾红树林度假酒店（合作设计）
中关村科学城（东区）五号园区城市设计

中科院建築設計研究院

　　　　中科院建筑设计研究院有限公司（以下简称"中科院设计院"）前身为中国科学院北京建筑设计研究院，成立于1951年，是直属中国科学院的唯一一家建筑设计及研究机构，拥有建筑行业建筑工程甲级资质、市政公用行业（热力）甲级资质、城乡规划编制乙级资质。

　　　　中科院设计院被中国建筑学会评为"当代中国建筑设计百家名院"，被国家评为首批"全国建筑设计行业诚信单位"，被地产界评为"北京地产十佳建筑设计机构"，是多家房地产集团指定设计合作伙伴。

　　　　中科院设计院是北京市高新技术企业，是北京市科委首批认定的"北京市设计创新中心"单位。中科院设计院设计专家团队秉承"尽责、规范、协作、发展"的院训，精心设计，诚信守约，追求精品，锐意创新，充分用实力和优势为业主提供无边界的服务。

地址：北京市海淀区中关村北一街四号
电话：010-62565107
传真：010-62550658
网址：www.adcas.cn
电子邮箱：liuf@adcas.cn

CHINA MOBILE INTERNATIONAL HARBOR PHASE II

中国移动国际信息港二期

项目业主：中国移动通信集团公司　　建设地点：北京　　　　　　建筑功能：研发创新、公共服务

用地面积：159 000平方米　　　　　建筑面积：351 000平方米　　建筑高度：45米

设计时间：2011年　　　　　　　　　主创设计：刘峰　　　　　　　参与设计：张珈博、李春雨、钟薇

"魔方"——移动信息的魔方

魔方有54个色块，有超过四千亿亿种变化。

中国移动"正德厚生，臻于至善"的核心价值观，"创无限通信世界"的使命，与魔方的魅力相融。同时国际信息港国际化、信息化、标准化、卓越品质的建筑诉求，通过魔方的形象可以得到提炼和浓缩，具有可操作性。"移动信息的魔方"这一创作概念，寓意中国未来丰富多彩、瞬息万变的移动通信之路。

亮点

（1）多向的平面三合院形成空间四合院。

（2）中心双层生态庭院与多层级屋顶花园。

（3）建筑单体造型之魔方的分拆、组合。

（4）生态景观式建筑群。

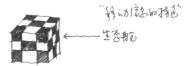

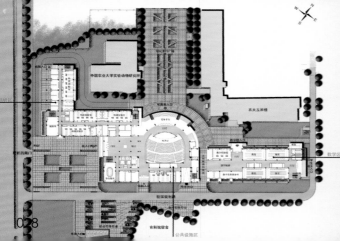

LIFE SCIENCE BUILDING OF CHINA AGRICULTURAL UNIVERSITY

中国农业大学生命科学楼

项目业主：中国农业大学　　　　　　　建设地点：北京
建筑功能：实验、办公、教学、报告厅　用地面积：16 900平方米
建筑面积：32 236平方米　　　　　　　建筑高度：18米
设计时间：2003年—2005年　　　　　　项目状态：建成
主创设计：刘峰　　　　　　　　　　　参与设计：孙建新、邵建
获奖情况：北京市第十五届优秀工程设计公共建筑三等奖

　　生命科学楼由两栋L形板楼与圆形报告厅组合而成。板楼采用开敞、连贯的模数式设计，大开间框架结构，8.1米×8.1米的标准柱网，可自由组合内部空间，满足科学实验与教学实验的要求。圆形大厅以报告厅嵌入的形式，布置放射形柱网，采用网架结构体系、环形双坡屋面的造型，新颖别致。
　　建筑场所性特征：
　　模块化实验单元；
　　功能区间的过渡空间——中庭、侧庭、前厅、全采光楼梯间；
　　有特色的专属场所——学术报告厅。

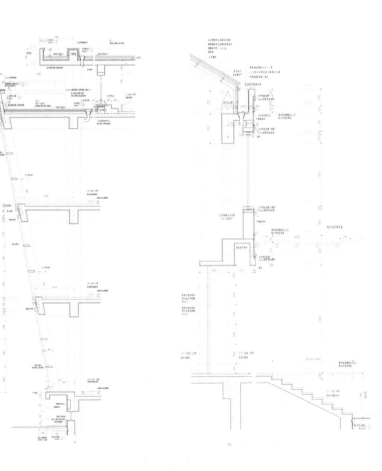

剖面节点1　　　　　剖面节点2

SHIJIAZHUANG INTERNATIONAL CONFERENCE AND EXHIBITION CENTER

石家庄国际会展中心

项目业主：河北省石家庄市政府
建筑功能：展览中心、会议中心、五星级酒店（5A级写字楼）
建筑面积：380 000平方米
设计时间：2008年
参与设计：邵建、潘华、薛志鹏、张珈博、邹锦铭、夏炜炜、张扬、钟薇

建设地点：河北 石家庄
用地面积：678 700平方米
建筑高度：展览中心33米、会议中心24米、酒店300米
主创设计：刘峰
获奖情况：获国际竞标优胜方案奖

"点石成金"

"石"——展览中心的三个立方体建筑形态体现出"石"的造型。

"金"——会议中心的主体（金色大厅）表达出"金"元素。

通过会议中心折线形体的廊架屋面，将展览与会议组合，勾画出"点石成金"的艺术效果。

以"石"造型，吻合"石家庄"城市名称的字头，"点石成金"的创作概念寓意着石家庄城市建设日新月异、欣欣向荣的美好前景。

"古城新韵"

超高层酒店主体是对角部经过收、放、切等设计手法处理而形成的空间六面体造型。主立面通过每层西向遮阳板的布局处理，形成一个中国古塔的剪影效果，使这座超高层建筑在高科技、国际化的外表下传达出典型的中国元素，体现石家庄的地域文化和正定县的历史背景。

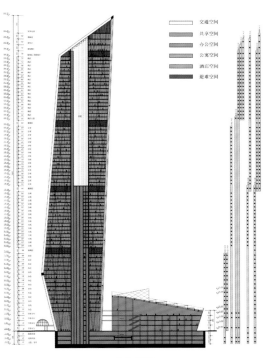

酒店剖面

ZHENGZHOU LONGFULL INTERNATIONAL

郑州隆福国际

项目业主：中国新兴置业公司　　建设地点：河南 郑州
建筑功能：住宅、商业　　　　　用地面积：40 300平方米
建筑面积：185 863平方米　　　建筑高度：100米
设计时间：2007年　　　　　　项目状态：建成
主创设计：刘峰
参与设计：薛志鹏、刘雪梅、张珈博、曹慧灵、钟薇
获奖情况：获2009年全国人居经典建筑规划设计方案竞赛建筑之大
　　　　　获北京市第十六届优秀工程设计居住建筑三等奖

针对这项老城市中心区的复兴和开发工程，设计从规划到单体、景观、绿建等方面做了大量的思考和尝试。

建筑造型独特的板蝶造型，既是对城市周边环境、小区规划、景观朝向的积极响应，又是对平面功能、户型设计的合理解答。板蝶造型在小区规划上丰富了体形关系和平面构图；在高层立面上显得灵动有力、冲击力强；结合精致的细部设计创造出与众不同的高层住宅建筑形象。

INYANG ZONE OF INSTITUTE OF GEOCHEMISTY, CAS

中科院地化所金阳新所园区

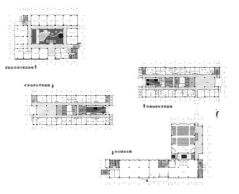

项目业主：中国科学院地球化学研究所
建筑功能：科研办公、实验室、公寓、体育馆、餐厅
建筑面积：140 000平方米（其中一期54 000平方米，二期86 000平方米）
设计时间：2008年—2009年
主创设计：刘峰

建设地点：贵州 贵阳
用地面积：97 000平方米
建筑高度：60米
竣工时间：2014年（一期）
参与设计：刘雪梅、勾波、吕鑫、邝鸿钧

首层组合平面图

亮点：
（1）关注绿色、生态、低碳设计的科研园区；
（2）因地制宜、因物制型、因势利导；
（3）集中采用了单廊式、双廊式、回廊式科研实验建筑；
（4）单体平面的组织模式。

　　云贵高原传统生活方式所造就的群落，形成了各具特色的群落空间，建筑设计继承和发扬这种独特的地域文化建筑群落形态，在不同空间（科研办公区、配套服务区和生活区三部分）采用各具特色的建筑语汇，形成区域内形态各异、丰富多彩的建筑群落。

柳翔

出生年月：1965年11月
职　　务：总经理/总设计师

教育背景
1985年09月—1990年06月　清华大学/建筑学院/建筑学/学士
1990年09月—1992年06月　哈佛大学/设计学/硕士

工作经历
1993年—1996年　SOM（世界著名建筑设计事务所）
1996年—1997年　Heery International Inc.（美国著名建筑设计事务所）
1998年—1999年　Cannon Inc.（美国著名建筑设计事务所）
1999年—2001年　DMJM（美国著名建筑设计事务所）
2002年—2006年　东南大学建筑学院
2007至今　　　　柳翔建筑设计事务所（LXD）

主要设计作品
绍兴创意园
绍兴鼎盛时代
南京河西新地中心
重庆十八梯城市设计
南师附中江宁校区总体规划

柳翔建筑设计事务所（LXD）是一家专业从事建筑设计和城市规划的综合性事务所。公司由一批"海归"建筑师和本土建筑师共同创立，经过10余年的耕耘，已发展成具有良好品牌的优秀设计团队。公司的理念是把国际上先进的建筑设计、规划理念、技术带到中国，并结合中国文化，为业主提供高质量的设计服务。

LXD已完成一系列重大的商业、文化、居住、城市设计等项目，作品多次在中国举办的重大国际、国内设计竞赛中获奖，并获得了多种荣誉称号，受到业内外人士广泛好评。

柳翔，LXD的创始合伙人兼设计总监，1990年取得清华大学建筑学学士学位，1992年取得美国哈佛大学设计学院（GSD）硕士学位。曾任SOM、DMJM等世界著名建筑设计事务所高级设计师，拥有逾20年的建筑设计经验。回国后曾应邀执教东南大学。

地址：江苏省南京市玄武区珠江路88号新世界中心B座43楼4302室
电话：025-84717638
邮箱：usa_lxd@163.com

NANJING HEXI XINDI CENTER

南京河西新地中心

项目业主：上海新地房地产开发有限公司
建设地点：江苏 南京
建筑功能：商业、办公
用地面积：14 000平方米
建筑面积：150 000平方米
设计时间：2013年
项目状态：方案设计深化中
设计单位：柳翔建筑设计事务所（LXD）
主创设计：柳翔
参与设计：王驰、卢小伟、张冲
获奖情况：设计竞赛第一名

　　项目位于南京市河西新城区，是新城区集展览和会议两大功能于一体的大型地标性建筑。博览中心总用地54万平方米，由美国TVS设计公司首席设计师设计。作为南京国际博览中心的重要组成部分，金陵会议中心位于博览中心焦点位置，总面积80 000平方米。

　　该项目是待建中的二期工程，由南京河西管委会与上海新地房地产开发有限公司共同打造，是集商务办公、酒店、餐饮和健身娱乐于一体的250米高层办公楼。

　　建筑师以沉淀城市文化底蕴、融合最新文化潮流为标尺，以遵循城市空间结构为原则，将建筑融入城市，与一期会议中心相辅相成；建筑形象的设计灵感源自与基地比邻的奔流不息、气势雄伟的长江，使建筑远远望去犹如扬起的风帆，勇往直前。同时，也体现了建筑自身的特点——高度的标识性和城市"雕塑"。

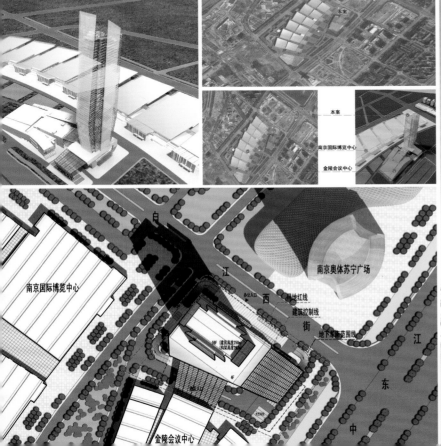

SHAOXING DINGSHENG ERA

绍兴鼎盛时代

项目业主：浙江赐富集团有限公司
建设地点：浙江 绍兴
建筑功能：商业、办公
用地面积：7 000平方米
建筑面积：51 000平方米
设计时间：2011年
项目状态：建成
设计单位：柳翔建筑设计事务所（LXD）
主创设计：柳翔
参与设计：王驰

绍兴是一个历史文化名城，但随着经济的发展和人口的剧增，老城已无法满足需要。因此当地政府将迪荡新城独立出来，以免干扰老城区的文化，但这样却让新城区缺少传统文化的韵味，大多数建筑呆板枯燥。

建筑师尝试用创新的建筑语言去诠释绍兴的传统。"酒"是绍兴的重要文化之一，本项目选取"酒樽"作为方案设计的元素。

鼎盛时代位于迪荡新城中心，不仅拥有炫目的造型，而且将传统元素融入现代建筑，寓意"举樽邀朋"的美好形象。

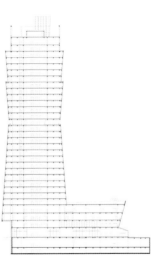

剖立面图

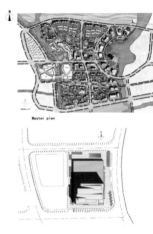

总平面图

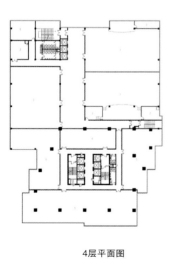

4层平面图

16层平面图

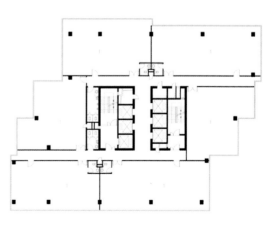

26层平面图

SHAOXING CREATIVE GARDEN

绍兴创意园

项目业主：绍兴迪荡新城投资发展有限公司　　建设地点：浙江 绍兴

建筑功能：商业、办公　　用地面积：34 000平方米

建筑面积：173 000平方米　　设计时间：2012年

项目状态：施工图设计阶段　　设计单位：柳翔建筑设计事务所（LXD）

主创设计：柳翔　　参与设计：王驰、卢小伟、张冲

获奖情况：设计竞赛第一名

　　迪荡新城文化创意园是浙江绍兴市迪荡新城二期的中心，方案由三座塔楼和裙房组成，塔楼为办公部分，裙房则为创意园的配套服务部分。方案汲取了绍兴的传统文化精髓，将其用现代手法表现出来。以绍兴拱桥为灵感，将裙楼相互串联和咬接，中间架空两层。

　　建筑师以最基本的几何元素方形和矩形为设计元素，描绘出丰富的建筑轮廓，形成具有"方城"特色的总体布局。左右两个塔楼底面为36米×36米，中间塔楼底面为27米×45米，三座塔楼底面模数为9米×9米。

　　为了突出轴线的重要性，建筑师着重打造了靠近轴线的160米高的塔楼，与对面的塔楼相呼应，成为胜利东路轴线上的又一地标性建筑。

CULTURAL CENTER OF SICHUAN TIANFU NEW DISTRICT

四川天府新区省级文化中心

项目业主：四川省政府投资非营业性项目代建中心
建筑功能：文化、娱乐
建筑面积：130 000平方米
项目状态：设计投标方案
主创设计：柳翔

建设地点：四川 天府新区
用地面积：80 000平方米
设计时间：2012年
设计单位：柳翔建筑设计事务所（LXD）
参与设计：王驰、汪杉、王骏、张冲

巴山蜀水，自古以来多少文人墨客为之魂牵梦绕。"巴山蜀道，水润天府"作为方案的设计灵感，将巴蜀文化融入其中。

项目位于天府新区中心，包含四个独立的观演大厅：歌剧院、音乐厅、曲艺书场和群艺广场。以建筑隐喻山川，以池水隐喻流水，"蜀道"沿山而开，"巴水"拾阶而下，山环水而立，水绕山而动。

文艺之家　后勤服务保障中心　　1450大剧院　　600人音乐厅　　400人曲艺书场

艺术研究创作中心

数字文宣馆和多功能活动馆

2600人群艺广场

马天翼

职务：所总建筑师
职称：国家一级注册建筑师/高级建筑师

教育背景
西安建筑科技大学/建筑学/学士

工作经历
2003年至今　中国建筑西北设计研究院有限公司

个人荣誉
2005年　获中国建筑工程总公司优秀方案设计奖
2013年　获陕西省优秀勘察设计奖一等奖

主要设计作品
西安林凯国际大厦
西安天地源枫林绿洲
骊轩城墙遗址博物馆
陕西杨凌职业技术学院
青海茫崖花土沟原生态酒店
崆峒山广成山庄酒店（五星级）
陕西烟草咸阳分公司业务综合楼
金昌市罗马小镇修建性详细规划
梅州市剑英公园剑英塔区域规划景观
兰州市第一人民医院东部科技新城分院

成章

职务：所总建筑师
职称：高级建筑师

教育背景
1997年　西安建筑科技大学/建筑学/学士
2007年　法国巴黎规划学院/规划专业/硕士

工作经历
1997年至今　中国建筑西北设计研究院有限公司

主要设计作品
宝鸡宾馆
西安豪盛时代C区
银川市商业银行办公楼
西安市白桦林间高尚小区
陕西科技大学新校区实验楼
青海茫崖花土沟原生态酒店
金昌市罗马小镇修建性详细规划
梅州市剑英公园剑英塔区域规划景观
西北农林科技大学北郊区教学楼及图书馆扩建

范萌佳

职务：所总建筑师
职称：高级建筑师

教育背景
2001年　长安大学/建筑学/学士
2010年　法国圣艾蒂安国立高等建筑学院/硕士

工作经历
2001年至今　中国建筑西北设计研究院有限公司

主要设计作品
枫林绿洲小学
兰亭商务会所
济南军区221工程
崆峒山广成山庄酒店
陕西烟草咸阳分公司业务综合楼
兰州市第一人民医院东部科技新城分院
中国移动高新基地生产指挥中心研发综合楼

总院地址：陕西省西安市文景路98号
邮　　编：710018
联 系 人：马天翼
电　　话：029-68519100
传　　真：029-68519280
电子邮箱：mty_1@126.com

兰州分院院长：吴阳贵
总建筑师：马天翼
地　　址：甘肃省兰州市城关区滩尖子369号
　　　　　景苑丽都3单元2401室
邮　　编：730030
电　　话：0931-8722615/8724109

中国建筑西北设计研究院（原名）成立于1952年，是新中国成立初期国家组建的六个大区甲级建筑设计院之一，是西北地区成立最早、规模最大的甲级建筑设计单位，现隶属于世界500强企业——中国建筑工程总公司。现有职工1 304人，其中中国工程院院士1人、中国工程设计大师2人、高级工程（建筑）师464人、工程师322人。全院共有一级注册建筑师108人，二级注册建筑师9人，一级注册结构工程师100人。可承担各类大、中型工业与民用建筑设计、城镇居住小区规划设计、建材工厂设计和传统建筑研究、建筑抗震研究以及建筑经济咨询、工程建设可行性研究等业务。我院从事工程设计和相关科学研究60多年，完成各类大中型工业与民用建筑和建材工厂设计8 000余项，标准设计100余项，科研业务700余项，工程遍及全国30个省、自治区、直辖市及20多个国家和地区。自1980年以来，获国家、部省级优秀设计奖110多项，其中，还获得国家专利18项，获国家、部省级科技进步奖50多项。在国内外建筑界有较高的声誉。

我院1993年、2003年获得全国百强勘察设计单位称号，2000年获"全国CAD应用工程示范企业"称号，2004年获中央企业先进集体。分别于1998年、2001年获长城（天津）质量认证中心ISO 9001:1994和ISO 9001:2000质量体系认证证书，2010年5月通过质量、环境、职业健康三体系认证。

中国建筑西北设计研究院兰州分院是我院在西部地区设立的分支机构，成立于2013年初，目前有20余名优秀建筑、结构设计师。依托总院技术力量，建立了先进的内部网络系统，能够承揽各类大、中型民用建筑设计。近一年多来共签订各类工程设计项目10余项，主要分布在甘肃、陕西、青海等地，如商洛公园天下、宜川体育场、骊轩村及罗马小镇规划设计、永昌县骊轩村古城外城墙项目、宜川凤城水岸、延安阳光城住宅小区、汉中季景沁园、子长县顺驰家园、青海花土沟原生态酒店、兰州市第一人民医院大名城东部科技新城分院等。

我们愿与各建设单位、国内外同人进行广泛合作。竭诚敬业，为顾客提供符合规定要求的设计产品和服务，是中建西北院人的永恒追求。

MANG YA XING WEI HUATUGOU ORIGINAL ECOLOGICAL HOTEL, QINGHAI

青海省茫崖行委花土沟原生态酒店

项目业主：青海茫崖昆仑探险旅游公司
建筑功能：原生态度假酒店
用地面积：58 000平方米
建筑面积：50 000平方米
设计时间：2014年
项目状态：在建
设计单位：中国建筑西北设计研究院有限公司兰州分公司
设计团队：马天翼、范萌佳、成章

　　项目以雅丹地貌的远山为背景，以广袤无垠的戈壁为衬底，由一个150间客房的休闲度假酒店、一个玉石展馆和一个土特产馆组成。这三个体量不一、简洁灵动的圆柱体错落排布，相互围合，不仅和环境相互呼应，也形成了自身完整的外部空间。
　　建筑的表皮采用粗糙的沙砾涂料，与大漠岩石的质感相互呼应，使得建筑犹如岩石一般原生于此，有着浑然天成的质朴自然的特色。用地的后区为营地区域，考虑旅游自驾的需求，设置了若干个营地地块，每个地块都配合水电的设置，方便营车的补给清理。沿用地东侧设置了一条漫步道，结合道路分段布置一些小的休闲广场，配以绿化小品的设置，让游人体会到大漠绿洲的特殊景色。

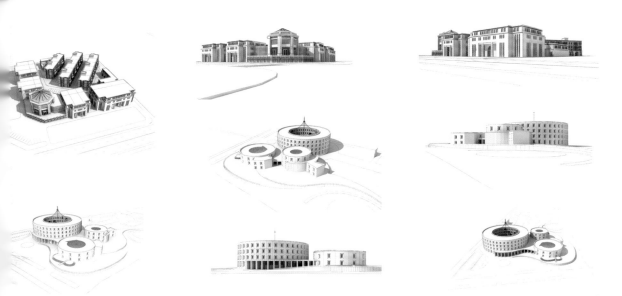

H.LAM INTERNATIONAL BUILDING

林凯国际大厦

项目业主：陕西林凯置业发展有限公司
建设地点：陕西 西安
建筑功能：商业、办公、酒店综合体
用地面积：5 000平方米
建筑面积：67 600平方米
设计时间：2007年
项目状态：建成
设计单位：中国建筑西北设计研究院有限公司
设计团队：马天翼、段毅、刘莹

　　项目位于西安市高新产业开发区内黄金地段，用地形状为不规则梯形，且在城市道路转角位置。尝试在高层建筑中采用多层建筑惯用延展、斜切、穿插等构建手法，妥善地解决了与场地边界呼应的问题。由此带来的独特视觉效果，也使得建筑在周边高层办公、酒店林立的环境中以一种独特的姿态脱颖而出。

XI'AN CHONGDE SQUARE SHANTYTOWNS PROJECT

西安崇德坊棚户区改造项目

项目业主：陕西玉龙房地产开发有限公司
建设地点：陕西 西安
建筑功能：商业、办公、酒店、居住综合体
用地面积：41 000平方米
建筑面积：300 000平方米
设计时间：2013年
项目状态：在建
设计单位：中国建筑西北设计研究院有限公司兰州分公司
设计团队：马天翼、范萌佳、成章

    项目地处西安市南二环，属于城市繁华地段待改造棚户区，周边片区早已成为现代都市的成熟商圈。

    MOHO概念：将多功能（Multifunction）、办公（Office）、居住（House）、商住（Occupant）四重属性重叠，突出专属、便捷、效率的功能。塑造四重复合功能甚至多重复合功能街区，出门旁边就是工作室，工作室旁边就是咖啡厅，咖啡厅旁边就是小型美术馆……为现代都市生活创造了一种新的可能性，让这一片区不是功能独立划分的机器而是同时容纳所有生活的容器。

商场首层平面图

商业采用步行街模式，在创造多种步行途径时，店铺可以灵活划分，容纳多种业态，为商业开发提供多种可能。

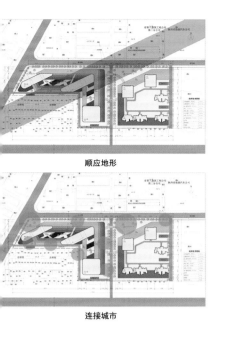

顺应地形

功能混合

连接城市

有内有外

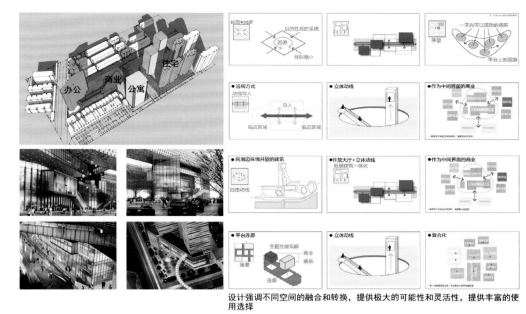

设计强调不同空间的融合和转换，提供极大的可能性和灵活性，提供丰富的使用选择

THE FIRST PEOPLE'S HOSPITAL, EASTERN TECHNOLOGY PARK BRANCH, LANZHOU

兰州市第一人民医院东部科技新城分院

项目业主：兰州高新开发建设有限公司
建设地点：甘肃 兰州
建筑功能：三级甲等综合医院
医院床位：1 000张
用地面积：79 992平方米
建筑面积：113 480平方米
设计时间：2014年
项目状态：在建
设计单位：中国建筑西北设计研究院有限公司兰州分公司
方案设计咨询专家：李建广
设计团队：马天翼、范萌佳、成章

　　项目建于兰州市宁远镇高新开发区，建成将成为服务于整个兰州东部科技新城的一座现代化、高品质的集医疗、教学、科研、预防、保健于一体的三级甲等综合医院。建筑立面造型力求简洁、大方、新颖、富于变化，形成整个建筑的独特性与标志性，同时又不失医院建筑的特点，具有强烈的时代气息。
　　设计强调"以人为本，以病人为中心"。建筑师在分析人流、物流基础上，从整体到局部都做到洁、污严格分区与分流，互不交叉影响，有效降低与控制院内交叉感染，保证安全和卫生，同时做到医院日后使用的经济高效。设计中注重营造良好的室内外环境和建筑空间气氛的情感诱导，充分利用自然环境，为病人创造一个良好的治疗和康复环境。

JINCHANG ROMAN TOWN DETAILED CONSTRUCTION PLANNING AND LI JIAN CITY WALL RUINS MUSEUM

金昌市罗马小镇修建性详细规划及骊靬城墙遗址博物馆

项目业主：金昌市永昌县政府
建设地点：甘肃 金昌
建筑功能：集居住、度假、商业、运动、商务、文化、娱乐、休闲于一体的新兴城镇
用地面积：666 000平方米
建筑面积：663 900平方米
设计时间：2013年
项目状态：在建
设计单位：中国建筑西北设计研究院有限公司兰州分公司
设计团队：马天翼、范萌佳、成章

打造一个生态宜居、产城一体、具有浓郁欧洲风情的现代新城，形成集居住、度假、商业、运动、商务、文化、娱乐、休闲于一体的新的城市名片。

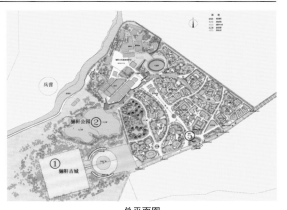

总平面图

天华 Tianhua

聂欣

出生年月：1976年04月
职　　务：上海天华/副总建筑师
　　　　　成都天华/总建筑师
　　　　　重庆天华/总建筑师

教育背景
1994年—1999年　重庆建筑大学/建筑学/学士

工作经历
1999年—2000年　深圳筑博工程设计有限公司
2001年—2002年　重庆艺庭建筑设计咨询有限公司
2004至今　　　　上海天华建筑设计有限公司

主要设计作品

总体规划
卡塔尔多哈城市规划
马鞍山东方明珠世纪城规划

公共建筑
马鞍山市宾馆
无锡太湖佳城国际中心
衢州群众文化艺术中心
上海外高桥文化艺术中心
上海陆家嘴集团总部办公楼
上海南汇临港中级人民法院
绿地南昌临空经济区邻里中心

居住建筑
上海绿地香颂	西安中海峰墅
北京金地仰山	慈溪金地鸿悦
上海宝华栎庭	上海中信君庭
成都世茂御岭湾	上海中建大公馆
上海万科琥珀臻园	苏州万科长风别墅
上海中海瀛台江御	上海华侨城十号院
成都绿地468公馆	

公司网址：www.thape.com.cn
市场热线：400 108 1588
新浪微博：weibo.com/thape

天华是中国最顶尖的建筑、规划、室内、景观、咨询及审图综合设计服务公司。我们通过科学的企业管理保障、卓越的设计服务与严格的建造执行，始终为客户提供超出预期价值的设计品质。二十年来，天华一直处于行业领先地位，努力保持专业性强、质量可靠、服务到位的品牌形象。

　　1997年，天华建筑成立于中国上海，经过多年的高速发展，至今已拥有2 500多名专业人才，在北京、深圳、武汉、成都、西安、重庆、天津、沈阳等主要城市设有子公司，并在总部上海设有规划、室内、景观、迈卓咨询、宏核审图5个全资子公司。目前已是中国规模最大、专业门类最全的综合设计服务公司，为500多家各行业的优质客户提供全方位、全过程的设计服务。

平面图

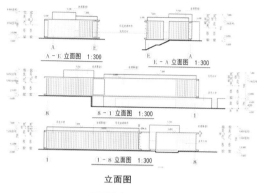

A－E 立面图 1:300   E－A 立面图 1:300

8－1 立面图 1:300

1－8 立面图 1:300

立面图

1－8 立面图 1:300

剖面图

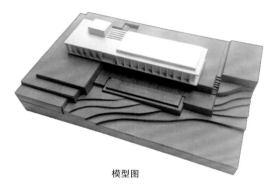

模型图

LONGFOR TWO-RIVER XINCHEN PROMOTION CENTER

龙湖两江新宸推广中心

项目业主：龙湖地产有限公司　　　　　建设地点：重庆
建筑功能：销售中心、会所　　　　　　建筑面积：1 000平方米
设计时间：2013年　　　　　　　　　　项目状态：建成
设计单位：上海天华建筑设计有限公司　主创设计：聂欣
参与设计：陈海涛、吴其华、钟伟

　　项目位于一片视野非常开阔的临江山顶，建筑小巧却气势宏伟。在这样一处用地上，任何张扬的形式主义建筑都没法胜过基地本身先天具有的环境气场。于是，在最终的设计解决方案里，建筑体量极其简洁。

　　项目就像一个大尺度的方形望远镜一样，安静地平放在山顶上，正面朝江，使进入其中的使用者的感观重点完全放在了面前山脚下的嘉陵江上。面江一侧的建筑空间向下跌落一层，基地本身也成为了建筑的一部分，很难再区分两者之间的界面。面江特意设置的无边水池，在使建筑与环境相融的同时也增加了观者"此时无声胜有声"的情绪体验。

OCT 10TH COURTYARD

华侨城十号院

项目业主：深圳华侨城房地产有限公司
建筑功能：别墅
建筑面积：46 000平方米
项目状态：建成
设计单位：上海天华建筑设计有限公司
主创设计：聂欣
参与设计：陈杨、李柏杨、王慧文、黄陆炜

建设地点：上海
用地面积：73 000平方米
设计时间：2011年—2012年

　　项目定位是城市高端独栋别墅，在规划上严格遵守所在区域由意大利格里高蒂公司先期制定的城市设计导则。同时建筑师也不想把建筑结果导向当下在中国大行其道的"西方新古典主义"——尽管在豪华别墅市场中这样的做法几乎是最稳妥的。

　　最终，设计的重点落到了围绕建筑四周穿插设置的各式庭院上，通过延续建筑立面矮墙围合空间或者大尺度出挑檐口限定空间的手法，使庭院具有了某种意义上的中式园林的意境。

　　简洁明快的立面设计手法，浅色系石材加上细腻考究的型材铝板细节，也为建筑本身增加了一定的东方婉约气质。为了减少三层别墅建筑的压迫感，设计上将第三层主卧室空间向内退进，并且换用了深色防腐生态木这一新材料，在柔化建筑感觉的同时也活泼了体量本身。该项目是对建造工艺的一次考验。

三层体量　　弱化顶层　　材质区分　　挑空转角窗　　景墙生成

立面策略

腰线石材　　主体石材　　生态木　　铝板氟碳烤漆

三层体量　　屋顶花园　　灰空间庭院　　挑空转角窗　　景墙分隔庭院

体块生成

TAIHU JIACHENG INTERNATIONAL CENTER

太湖佳城国际中心

项目业主：中锐地产集团股份有限公司
建设地点：江苏 无锡
建筑功能：办公、商业、酒店式公寓
用地面积：10 800平方米
建筑面积：62 400平方米
设计时间：2006年
项目状态：建成
设计单位：上海天华建筑设计有限公司
主创设计：聂欣
参与设计：陈海涛、粟景维、叶笛

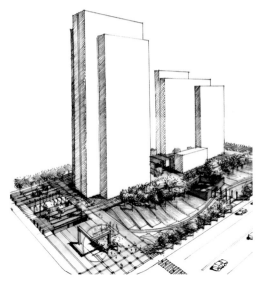

　　建筑师采用了一种极其严谨理性的设计方法，力图用最简单的建筑语言将不同功能和尺度的体量统一在一起。

　　项目所处的区域紧邻无锡市东西向主要干道太湖大道，又是蠡湖新区比较核心的位置，政府严格要求建筑形象简洁有力富有时代感。于是在规划设计中采用了尺度接近的八个长矩形作为母题，建筑形体由此直接生成，每一个矩形体的升起不做任何平面变化，只在最后形成的整体体量上考虑合适的高低组合作城市天际线。最终，100米高的点式办公塔楼联合80米高长板式公寓楼，形成了一组挺拔有力却完整统一的建筑形态。

　　整体竖向的暖色石材干挂外饰面配合竖向玻璃幕墙，在给人整体稳重感觉的同时又不失现代感，在立面细节设计方面也力求"高完成度"和精致感。裙房部分三层高的商业入口以全玻璃体嵌入整体建筑，在近人尺度空间上增加了一丝活泼的气氛。

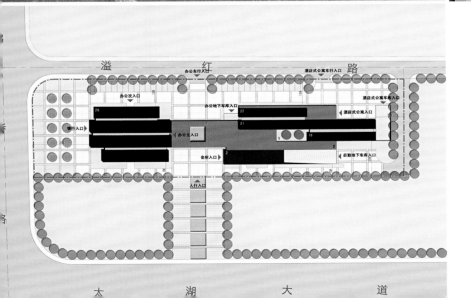
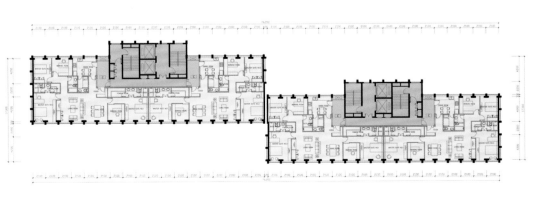

公寓平面图

WAIGAOQIAO CULTURAL ARTS CENTER

外高桥文化艺术中心

项目业主：上海外高桥新市镇开发管理有限公司
建设地点：上海
建筑功能：剧场、电影院、图书馆、展览、群众活动中心
用地面积：14 400平方米
建筑面积：22 000平方米
设计时间：2006年—2008年
项目状态：在建
设计单位：上海天华建筑设计有限公司
主创设计：聂欣
参与设计：吴旭、陈海涛、陈扬、周巧

项目要求在一块方正且并不宽裕的用地内设计五个不同的功能体，并且分别设置各自不同的出入口。

最终的解决方案是建筑师设计了三个大小尺度不一的体量，再用叠放、转折、咬合、挖空以及虚实连接的手法，将它们组合在一起，并且采用同质的石材幕墙外立面使其成为一座形体规整、形象有力的建筑体。

顶部的展厅用统一的竖向玻璃围绕四周，使其在功能上能向基地东面观湖同时也强化了建筑本身的识别性，并且还能通过夜间照明使其成为像灯塔一样的标志物。在几处石材体量的转角位置处还嵌入了几个按照集装箱体的尺度设计的横向玻璃体，以对项目所在的外高桥港区有一定程度的文化呼应。

总平面图

剖面图

潘朝辉

出生年月：1975年07月
职　　务：建筑所所长
职　　称：国家一级注册建筑师

教育背景
1998年07月　同济大学/建筑与城市规划学院/建筑学/学士
2001年03月　同济大学/建筑与城市规划学院/建筑学/硕士

工作经历
2001年03月至今　同济大学建筑设计研究院（集团）有限公司

主要设计作品
天津商学院图书馆
荣获：2004年天津市优秀设计奖
安徽大学文科院系楼、学生活动中心、体育馆
荣获：体育馆获2009年教育部优秀设计二等奖
沈阳工业大学图书馆、公共教学楼、体育馆
荣获：图书馆获2013年教育部优秀设计三等奖
苏州大学独墅湖校区文科综合楼
荣获：2009年上海市优秀工程设计二等奖
　　　2009年全国优秀工程设计三等奖
天津师范大学体育馆
荣获：2013年上海市优秀工程设计一等奖
　　　2013年全国优秀工程勘察设计行业奖建筑工程三等奖

苏腾飞

出生年月：1979年01月
职　　务：建筑室主任
职　　称：国家一级注册建筑师

教育背景
2003年07月　中南大学/建筑与城市规划学院/建筑学/学士
2006年07月　深圳大学/建筑与城市规划学院/建筑学/硕士

工作经历
2006年07月至今　同济大学建筑设计研究院（集团）有限公司

主要设计作品
南通国际贸易中心
荣获：2011年上海市勘查设计三等奖
安徽大学理科院系楼
荣获：2011年上海市第四届建筑协会建筑创作设计入围奖
海门行政中心文化展览馆
荣获：2011年教育部勘查设计三等奖
安徽大学科技创新楼（2013年建成）
大连市东港区维多利亚广场250米双塔（在建）
安徽理工大学核心区（图书馆、公共教学楼、公共实验楼）（在建）

张扬

出生年月：1979年10月
职　　务：建筑室主任
职　　称：国家一级注册建筑师

教育背景
2003年06月　同济大学/建筑与城市规划学院/建筑学/学士
2006年03月　同济大学/建筑与城市规划学院/建筑学/硕士

工作经历
2006年03月至今　同济大学建筑设计研究院（集团）有限公司

主要设计作品
厦门华润橡树湾项目
中国2010年上海世博会世博村B地块
荣获：2010年上海市优秀工程设计二等奖
　　　2011年全国优秀工程勘察设计行业奖建筑工程三等奖
广西钦州公共场馆——体育馆项目
荣获：2013年广西优秀工程设计二等奖
都江堰"壹街区"安居房灾后重建项目
荣获：2010年上海市优秀工程设计小区过程三等奖
大连东港区D10、D13地块维多利亚公馆
瑞安上海万立城综合体项目
贵州龙里名门时代综合体项目（在建）
昆明龙斗壹号海岸城综合体项目（在建）
昆明龙城国际商贸城（在建）

刘灵

出生年月：1977年04月
职　　务：建筑室主任
职　　称：国家一级注册建筑师

教育背景
1999年07月　沈阳建筑工程学院/建筑学/学士
2002年03月　同济大学/建筑与城市规划学院/建筑学/硕士

工作经历
2002年03月至今　同济大学建筑设计研究院（集团）有限公司

主要设计作品
苏州大学独墅湖校区文科综合楼
荣获：2009年上海市优秀工程设计二等奖
　　　2009年全国优秀工程设计三等奖
沈阳工业大学工科院系楼群及文科院系楼
苏州大学本部物理信息楼
荣获：2011年上海市优秀工程设计三等奖
　　　2011年全国优秀工程设计三等奖
南昌凤凰城商业街
荣获：2011年上海市建筑学会创作奖商业建筑专项奖
泉州市民文化中心——科技与规划馆、工人文化宫、图书馆、大剧院、商业中心（在建）
中国电子科技集团公司第三十二研究所科研生产基地（在建）

![同济设计TJAD]
同济大学建筑设计研究院（集团）有限公司
TONGJI ARCHITECTURAL DESIGN (GROUP) CO., LTD.

地址：上海市四平路1230号，200092
电话：021-35375517
传真：021-65989084
网址：www.tjad.cn
邮箱：tjad4@tjad.cn
微信：同济四院

同济大学建筑设计研究院（集团）有限公司的前身是1953年成立的同济大学建筑工程设计处，依托同济大学深厚的学术科研资源和土木学科优势，传承历史精髓，演绎时代魅力，现已发展成为国内设计门类最全、设计资质最多、设计能力最强的咨询设计单位之一。

同济设计四院是同济设计集团的直属设计机构，目前共有员工180余人，其中中、高级技术职称人员66人，国家一级注册建筑师30人，一级注册结构工程师24人，其他注册工程师30余人。业务领域涵盖住区养老、文化教育、医疗卫生、商业地产、办公园区、超高层综合体等建筑类型，以先进的设计理念、专业化的设计团队提供全过程、全方位的工程设计咨询服务。

创意成就梦想，设计点亮生活。同济设计四院成立至今历经十载，秉承"同舟共济，追求卓越"的共同信念，用钢筋水泥表达建筑灵魂，借诗意空间演绎现代人文。凝聚智源，勇于创新，用设计创造客户价值，描绘城市美好蓝图。

THE GYMNASIUM OF TIANJIN NORMAL UNIVERSITY

天津师范大学体育馆

项目业主：天津师范大学
建设地点：天津
建筑功能：体育比赛训练用房
用地面积：28 247平方米
建筑面积：13 110平方米
设计时间：2010年04月
项目状态：建成
设计单位：同济大学建筑设计研究院（集团）有限公司
主创设计：潘朝辉、姚震
获奖情况：2013年上海市优秀工程设计一等奖
2013年全国优秀工程勘察设计行业奖建筑工程三等奖

注重功能、实用高效的平面布局
平面功能分为比赛馆与训练馆两部分，中间含一个40米×8米的狭长内庭。比赛馆内场尺寸为48米×38米，固定看台三面布置，活动看台四面布置。在篮球场地的长向一侧的活动看台下布置22米×8米的机械升降舞台，形成三面围合的剧场模式，用于多功能集会和演出。

朴实精致、表里如一的整体造型
外部造型是内部空间的如实反映，兼具体育建筑与校园文化建筑的双重特点。通过刚正平直的建筑形态塑造和现代简洁的造型语言体现体育建筑的雕塑感和力度美；通过折形窗、遮阳百叶窗、石材幕墙的刻画等细节展现校园建筑朴实、耐看，富于人文气息的一面。

建筑形式与结构构件的细节表达
以理性的大跨结构之"本"表达壮美的建筑形式之"魂"，追求建筑形式与结构构件的统一，细部刻画中突出了结构构件的韵律美、材料本身的表现力以及内部空间的光影变化，以精致朴实的细节展现校园文化气息。

2010 SHANGHAI EXPO VILLAGE PROJECT BLOCK B

上海2010世博会世博村B地块项目

项目业主：上海世博土控有限公司
建设地点：上海
建筑功能：公寓式酒店
用地面积：88 100平方米
建筑面积：193 000平方米
设计时间：2007年
项目状态：建成
设计单位：同济大学建筑设计研究院（集团）有限公司
主创设计：张扬、洪世宣、肖艳文
获奖情况：2010年上海市优秀工程设计二等奖
　　　　　2011年全国优秀工程勘察设计行业奖建筑工程三等奖

人与环境和谐、可持续发展的世博村

　　该项目是为2010年上海世博会外国官方参展工作人员提供住宿和配套服务的重要工程，位于世博园区浦东区块东北隅，主要为生活、服务及后勤配套功能的酒店群，会中可提供各类标准的客房约1 900间，并附带商业、娱乐等功能，会后永久保留为国际化的社区。

　　规划中注意地块建筑自身的错落布局，打通沿江观景视线，形成理想的多角度江景通透视廊。

　　建筑布局根据原有城市肌理，模仿典型的里弄式住宅和传统的中国水乡建筑，含有17幢新建建筑和1幢保留建筑，由高度不等的高层公寓式酒店单体行列组成，被休闲广场、连续性的林荫道及水街划分成不同的四个街区。每个街区根据国际性特点采用不同的立面材料加以区别，但统一的网格尺度又可形成识别性，整个建筑风格反映了高级国际社区兼容并蓄的特征。

　　保护和利用原上海港机厂的部分历史建筑，留下场地的历史记忆，充分体现物质文化的可持续发展。

THE STUDENT CENTER OF LANZHOU UNIVERSITY

兰州大学学生活动中心

项目业主：兰州大学
建设地点：甘肃 兰州
建筑功能：礼堂及社团活动用房
用地面积：9 800平方米
建筑面积：14 400平方米
设计时间：2010年
项目状态：建成
设计单位：同济大学建筑设计研究院（集团）有限公司
主创设计：潘朝辉 许峰

百年兰大，百米学生街
以一条横向贯穿基地的步行内街，作为建筑的"空间
纽带"，将学生活动、休闲、剧场、展厅等各个不同的功能
串联起来。通过步行街的起伏解决了不同功能块之间的高差
关系，将利用舞美厅、多功能厅的顶部平台作为咖啡书吧、
开放式展厅，坡道、连桥穿插其中，丰富了步行空间，使得
"百米学生街"成为极富特色与活力的校园中心。

活力舞台、校园客厅
坚硬且富有质感的砖红陶板、温暖的樱桃木饰面、湛
蓝深透的铝板吊顶、透亮富于变化的天窗光影，在整体米
黄色调的室内空间中变幻出青春校园的协奏曲。

INNOVATION BUILDING OF SCIENCE AND TECHNOLOGY, ANHUI UNIVERSITY

安徽大学科技创新楼

项目业主：安徽大学
建设地点：安徽 合肥
建筑功能：院系教学、实验
用地面积：37 500平方米
建筑面积：51 500平方米
设计时间：2010年—2011年
项目状态：建成
设计单位：同济大学建筑设计研究院（集团）有限公司
主创设计：苏腾飞

风荷曲院、水榭折庭

由方向各异、大小不一体量围合而成的多元组合，由"曲院"和"折庭"、建筑体量和"界面"构成的灵活有机空间，既尊重现有的校园建筑和规划肌理，又突破现有多数建筑组团 "均质"的庭院空间，同时在景观上营造具有中国特色的"曲径通幽"园林景观空间形态，仿佛由序列、节奏、空白构成的长轴画卷徐徐展开。模型到建构，建构至建筑。

模型

设计以纯白作为立面设计的基本要素，局部的底平处理让建筑看起来像卡纸，立面上的"开洞"体现出模型的卡纸开洞效果。

建构

立面设计考虑以砖的模数来建构立面效果，开洞的大小以砖的倍数控制，立面及形态不做过多的修饰，凸显墙、板、柱的本真建构方式。

细部设计

细部设计根据教学、实验和院系办公建筑的特殊情况——经济、节能条件下的整体效果出发，摒除复杂技术和复杂材料，外挂空调机和立面一体化设计，强化科创楼的"干净利落"特点，同时双层立面的遮阳设计节能效果明显。

THE PHYSICAL AND INFORMATION BUILDING OF SUZHOU UNIVERSITY

苏州大学本部物理信息楼

项目业主：苏州大学
建设地点：江苏 苏州
建筑功能：院系教学
用地面积：17 300平方米
建筑面积：46 300平方米
设计时间：2007年
项目状态：建成
设计单位：同济大学建筑设计研究院（集团）有限公司
主创设计：刘灵

特殊环境——物理信息楼基地位于苏州沧浪区内的苏大本部校区，规划对建筑体量、高度控制较严，限高16.4米，容积率达2.12。苏州大学特殊的前教会大学背景，带来对苏州城区建筑必须粉墙黛瓦的质疑。

形象设计——物理信息楼所处校区现有建筑风格混乱，需要由新建建筑承担明晰该区域形象的先导作用。对此，建筑形象设计从传统形式中吸取灵感，并加以提炼、变异，使建筑在具有强烈现代感的同时透露出传统文化的底蕴。内外立面一凸一凹，仿若阳文和阴文般的对比和呼应，揭示了空间的转换和延续。

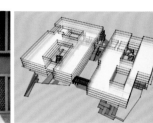

空间塑造——"庭院"和"路径"作为空间主题词而存在。建筑通过下沉庭院、局部透空、架空廊道、绿化渗透等手段，有效化解了庞大的建筑体量，并将地下空间释放出来，使不同高度与层面的内外空间获得了更加丰富的可视性与可达性，有着"曲径通幽处，禅房花木深"般的江南园林意境。

潘永良

设计所所长

具备丰富的项目实践经验，能敏锐把握市场需求和方案创作之间的结合点。擅长以简洁的方式解决大型项目中的复杂问题。于实践中提炼出独特的管理方法，能始终保持团队的活力和创作的热情。

梁文流

部门总监

一级注册建筑师。拥有从大型项目规划到施工图设计的全过程工作经验，于大型社区规划及商业综合体设计方面具有独到理念。秉承"设计服务大众"的设计思想，认为建筑创作应达到业主和公众的"双赢"。

李世聪

部门总监

具有国际化视野的建筑师，和国际著名设计企业合作完成过多项重大项目。在公共建筑及豪华酒店设计方面拥有丰富的经验。

蔡浩然

部门总监

具备行政办公、五星级酒店、高端社区等多种类型的建筑创作经验。坚持精品创作路线，认为细节是作品的灵魂。其多项作品获得建筑设计界的重要奖项。

深圳市建筑设计研究总院有限公司 一院八所
Shenzhen General Institute of Architectural Design and Research Co., Ltd.

　　第八设计所是深圳市建筑设计研究总院的核心团队，在总院的完善管理体系、质量监控体系以及技术支持下，已经完成了一系列的大型项目。业务主要涵盖五星级酒店、超高层办公楼、商业综合体及大型居住区规划等。第八设计所也成长为在综合性大型项目中具有丰富的设计经验，能提供全过程设计服务的成熟团队。我们坚持提供符合公共利益和市场需求的设计作品，以创造性的设计理念达到业主需求和城市发展双赢的效果，以精益求精的设计态度和以项目为中心的服务理念获得客户的肯定。

团队获奖情况
包揽第二届深圳市建筑工程优秀施工图设计项目奖金、银、铜奖
首届深圳市保障性住房优秀工程设计一等奖及最优户型专项奖
深圳市第15届优秀工程勘察设计公共建筑类三等奖、住宅类三等奖
2009年东莞市优秀工程设计项目三等奖
"源兴科技大厦"荣获：深圳市第14届优秀工程勘察设计公共建筑类三等奖
"福年广场"荣获：深圳市第14届优秀工程勘察设计公共建筑类二等奖
　　　　　　　　广东省优秀工程勘察设计公共建筑类三等奖

地址：深圳市福田区振华路33号富怡雅居A栋201
电话：0755-83787600-8029　　　传真：0755-83787400
网址：www.sadi.com.cn　　　　　电子邮箱：sadi8th@126.com

HUATIAN CHENG INTERNATIONAL CONFERENCE HOTEL, HUITANG TOWN, HUNAN

湖南灰汤温泉华天城国际会议中心酒店

项目业主：湖南灰汤温泉华天城置业有限责任公司
建设地点：湖南 长沙
用地面积：150 732平方米
建筑面积：168 964平方米
建筑高度：37.8米
设计时间：2010年
项目状态：建成
设计单位：深圳市建筑设计研究总院有限公司一院八所
设计团队：潘永良、李世聪、梁文流
获奖情况：深圳市第十五届优秀工程勘察设计三等奖

项目地处湖南省长沙市宁乡县灰汤镇，北面为自然山体，南面为华天城高尔夫球场，基地地势高差大，地形复杂。整个项目由高层酒店主楼、温泉中心、总统楼、夜总会及员工宿舍区组成。

设计中充分利用独有的温泉资源，依山就势，合理布局，建立理性有序的交通系统。以酒店入口处中心水面为核心，内部花园为节点，造就多层的空间结构，打造"前庭后院、湖光山色、灰汤华天、世外桃源"的优美景色。酒店主楼以舒展的弧形平面布局，加强了建筑的昭示性，象征"华天腾飞"的美好寓意。建筑设计以传统中式宫廷建筑、皇家园林和局部欧式风格为主要基调，辅以传统文化肌理和自然材料，使现代建筑在拥有舒适美观的同时追寻传统文脉，在不经意中融入自然环境并体现传统建筑的永恒品质。本着"以人为本、生态节能"的宗旨，打造一流的集旅游、度假及会议于一体的华天品牌。

069

SHENZHEN BAONENG SCIENCE PARK

深圳宝能科技园

项目业主：深圳市宝能投资集团有限公司　　建设地点：广东 深圳
用地面积：174 561平方米　　　　　　　　　建筑面积：1 032 741平方米
容 积 率：3.6　　　　　　　　　　　　　　设计时间：2011年至今
项目状态：在建
设计单位：深圳市建筑设计研究总院有限公司一院八所
设计团队：潘永良、梁文流、李世聪、蔡浩然

　　项目地处深圳中部发展组团核心，为龙华、观澜、布吉三条街道交汇处，是深圳九大重点发展园区之一的"龙华—观澜—坂雪岗新区"的中心。
　　项目由厂房、办公与研发、宿舍及展示性仓库四部分构成，"生态式办公""庭院式宿舍"，曲面形式的厂房、仓储物流，营造优美的办公环境。
　　建成后的宝能科技园将是龙华地区规模最大、档次最高、业态环境优、功能配套全的新型工业地产项目，将成为地区新锐以及科技创智天地。同时，师法自然，融入自然的设计态度也使其成为低碳绿色生活的践行者。

YUNNAN DALI
INTERNATIONAL HOTEL

云南大理国际大酒店

项目业主：云南力帆骏马车辆有限公司　　建设地点：云南 大理
建筑功能：超五星级酒店　　　　　　　　用地面积：36 250平方米
建筑面积：72 900平方米　　　　　　　　设计时间：2008年—2010年
项目状态：一期建成
设计单位：深圳市建筑设计研究总院有限公司一院八所
设计团队：潘永良、蔡浩然、李世聪、梁文流

　　大理古都历史悠久，闻名遐迩，民族气息浓郁。同时，它又是一个具有时代气息的国际旅游城市。在洱海南岸，苍山之畔，我们打造了具有鲜明民族特色、生态环保、与自然和谐共生的高档花园式城市酒店，使之成为大理新的城市名片。

　　项目地形高差大，设计因山就势，分别在三个标高平台安排了一广场（酒店入口广场）、二龙戏珠（两栋多层高端商务客房楼，环抱入口大堂）、三位一体（高层客房楼为画龙点睛之笔，位于地势最高点，以挺拔的姿态统领全局，鸟瞰洱海，远顾苍山）的建筑群形象。

　　建筑意境由外而内，"天地人和"。第一层，天之美。苍山洱海之优美资源尽入视线。第二层，地之绚。入口主题公园、广场幕墙瀑布、生态内部庭院，动静结合，组成让人流连忘返的地景。第三层，人之和。客房层的叠水长廊，室内园林，让自然随身携带，打造无处不景、步移景换的和谐生态氛围。

总平面图

剖面图

2#楼剖面图

龙山国际
会议中心

KASHI INTERNATIONAL PLAZA

喀什国际免税广场

项目业主：喀什发展房地产开发有限公司
建设地点：新疆 喀什
用地面积：159 165平方米
建筑面积：518 032平方米
建筑高度：249.10米
设计时间：2011年—2013年
项目状态：在建
设计单位：深圳市建筑设计研究总院有限公司一院八所
设计团队：潘永良、梁文流、李世聪、蔡浩然

　　项目位于喀什市经济开发区，基地南临深喀大道，东临城东大道，西侧和北侧都有城市规划道路，由两栋58层的塔楼和5层商业楼组成，是一个包含办公、酒店、商业和公寓等多功能的超高层综合体。

　　商业平面结合当地市场的发展趋势，采用大与小、开敞与半开敞相结合的商业空间，可充分满足市场的需要，立面设计结合广告位和电子显示屏，外墙装饰性的菱形穿孔板和塔楼外墙肌理和谐统一，顶部自然、柔和、气势磅礴的弧形飘板，融合了丝绸之路和沙漠柔美的特点，犹如"大鹏展翅"，象征企业大鹏展翅飞九天、虎跃龙腾绽新颜的美好前景。塔楼平面呈正方形，四面均有良好的视线和景观。

　　整体造型以"天山雪莲花"为基调，在顶部形成合理的收分。玻璃幕墙外的菱形穿孔板起到立体遮阳隔热的生态效果。同时外立面上结合喀什当地建筑特有的元素——穹隆，对特定的造型加以提炼和抽象，设计三个向上的拱，其争相向上的趋势，象征喀什市勇攀高峰、不甘落后的精神状态和城市特征。

地下一层平面图

BLUE ARCHITECTS & URBAN PLANNING CO., LT
博蓝建筑

庞博

BLUE ARCHITECTS创始人
博蓝建筑首席建筑师
四川美术学院客座讲师

工作经历
2004年—2007年　辽宁省建筑设计研究院/方案创作中心/建筑师
2007年—2011年　卓创国际工程设计有限公司/副总建筑师
2012年至今　　　创立博蓝建筑设计/首席建筑师

主要设计作品
2003年海边的星空　　　　荣获：中国首届青年设计大赛入围奖
2005年沈阳美术馆
2006年东北电业大厦　　　荣获：辽宁省优秀设计一等奖
2007年重庆昕辉莫比时代住宅
2008年重庆市铜梁公共图书馆　荣获：重庆市公共建筑规划设计一等奖

2009年重庆首金美丽山别墅规划
　　　重庆报业大厦
　　　红星美凯龙　　　　　荣获：昆明商业中心设计竞赛一等奖 实施方案
2010年南宁汇东"南宁塔"　　荣获：国际设计竞赛第一名 实施方案
2011年获得中国设计创新精英奖
　　　"T+Park"——重庆国家质检中心设计竞赛二等奖
2012年融创照母山高尚别墅及高层住宅项目 实施方案
2013年遵义市延安路与中华路城市综合体项目 实施方案
2013年重庆新闻出版智能大厦　荣获：重庆优秀工程设计二等奖

建筑思想
建筑，作为承载时间、空间以及行为片断的容器，它的意义在于给予这些无规则且零散碎片
以限定，并为创造新规则的可能性提供契机。

BLUE ARCHITECTS

BLUE ARCHITECTS（博蓝建筑）总部位于美国加利福尼亚，是
由中外建筑与城市规划专业相关人员所组成的建筑设计事务所，现于
中国上海、重庆、成都地区均设置了合作分支机构。
　BLUE ARCHITECTS 博蓝建筑注重原创及精湛入微的设计，辅
以广泛的专业经验，以提供高质量的建筑设计、城市规划与后期服
务，并提供景观、商业地产等相关领域的专业咨询。

地址：重庆渝中区瑞天路56号重庆企业天地4-1402室
电话：023-63835907
传真：023-63835906

NANNING TA

南宁塔 ——新城市地标，在结构美学中的展现

项目业主：南宁汇东房产开发有限公司
建设地点：广西 南宁
建筑功能：城市综合体
用地面积：32 000 平方米
建筑面积：113 588 平方米
建筑高度：230 米
设计时间：2010 年
项目状态：在建
获奖情况：国际设计竞赛第一名

　　塔楼的外部肌理抽象于南宁本土"壮族"特有的编织图案，螺旋式的上升渐变，衍生出富有历史神秘感的视觉体验，而白色的建筑主色调在南方充裕的阳光、绿化中得以凸显。

　　BLOCK街区概念来源于美国，BLOCK即Business（商业）、Lie fallow（休闲）、Open（开放）、Crowd（人群）、Kind（亲和），它是应有尽有的生活城，以悠闲、诗意、活力和友善为特征，融合在人们的商居行为中。

　　本案的BLOCK商业街以多个独立建筑体分散排列，由局部楼层错落相连，环绕天井的商业群，以中国传统建筑空间手法，满足现代商业需求与街区购物路线习惯。

　　规划本体既涵盖了现代西方技术功能性思维对垂直空间——高度的崇拜与向往，也融合了东方哲学对水平空间——街区秩序的营造。这两种体系在区域中得以重构、融合，从而模糊主题塔楼与裙房分离的传统建筑模式，使其在功能与空间形态上得以更加明晰地延展，建筑形式浑然天成，融为一体。

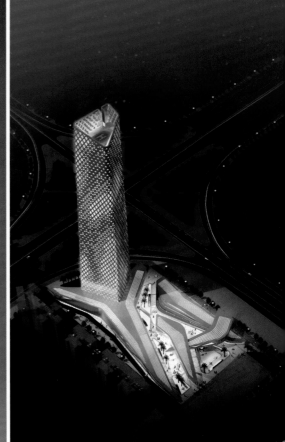

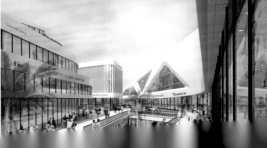

TONGLIANG LIBRARY

铜梁图书馆 ——文化与传承之载体

    博物馆起源于苏美尔人的古城邦神庙，那些堆满房间的泥板上写满楔形文字，纪录了神、传说与历史。亚里士多德在亚历山大国王的支持下建立了欧洲第一个公共图书馆，用以珍藏自然科学和法律文献。

    在以工艺制作的宏大奇巧、舞技表演的粗豪而闻名的铜梁龙发源地——中国重庆市铜梁县，政府以国际化的视野思考公共建筑的意义。铜梁图书馆开建之前，方圆百里鲜有先锋的当代建筑，政府意图将新的图书馆打造成标志性建筑与新城镇景观。

    从平面规划上，建筑采用低层建筑，多个独立体分离又相互连接，流线型展开，仿鹅卵石自然散落，充分利用错落的山地地貌，自然导向风流，此外从功能上自然分为综合阅览室、儿童阅览室、电子阅览室、特藏书库、展厅、报告厅、读者休息区、库房以及室外阅读广场等空间。

    外墙采用大面积人工石刻民间传说、中国典故、篆体汉字与铜梁龙图案，与玻璃幕墙相衔接，在实现室内光线摄入控制的同时，也完成建筑外立面文化与记忆传承的诉求。

项目业主：重庆市铜梁县政府   建设地点：重庆
建筑功能：图书馆、展览   用地面积：31 819平方米
建筑面积：13 056平方米   建筑高度：23.5米
设计时间：2008年   项目状态：建成
获奖情况：2010年市公共建筑规划设计一等奖
           2011年中国设计行业优秀设计奖

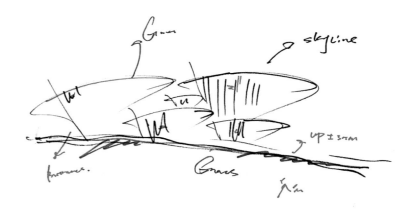

TUOTIAN PROPERTY · HOLIDAY INTERNATIONAL

拓天地产·假日国际 ——城市的休闲绿岛

项目业主：重庆拓天房地产开发有限公司
建设地点：重庆
建筑功能：城市综合体
用地面积：25 282平方米
建筑面积：80 922平方米
建筑高度：24米
设计时间：2014年03月
项目状态：在建

项目位于重庆市开县东部新区，东、西及南侧为城市规划道路，北临城市主干道滨湖路，越过滨湖路可眺望汉丰湖。距离开县城中心仅3.5千米，交通较方便，地理位置十分优越，景观资源良好。

本案强调"以人为本"的设计思想。处理好人与建筑、人与环境、人与交通、人与空间以及人与人之间的关系。注重建筑的空间环境质量，营造一个具有优良环境的休闲购物环境、同时打造高品质住宅社区。引入折韵的概念，合理布置商业空间，在感受空间变化丰富的同时提升体验式消费的乐趣。结合城市景观的发展，沿城市主要道路形成高低错落的天际线，既照顾城市形象又满足人群对开阔空间的向往。

CHONGQING NATIONAL QUALITY SUPERVISION AND INSPECTION CENTER

重庆国家质检中心　　——屋顶上的城市公园

项目业主：重庆市政府　　　　　　建设地点：重庆
建筑功能：办公、研发、展览　　　用地面积：667 000平方米
建筑面积：378 880平方米　　　　　建筑高度：35米
设计时间：2011年　　　　　　　　项目状态：概念方案竞赛
获奖情况：中国设计创新精英奖
　　　　　重庆国家质检中心设计竞赛二等奖

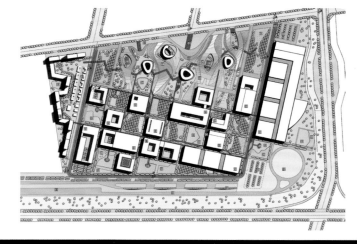

　　本案首先尊重原生地脉，绿化率高，水土保持较好，生态资源丰富，在整体规划中刻意保留部分场地中的自然景观，赋予其多种功能。如原生地块中的鱼塘已是一个完整的小型生态系统，也是原始记忆的承载，建筑师对此加以保留，进行改造，结合雨水收集系统，使园区内形成多个生态循环系统，变对自然的破坏为对自然的利用。每一处办公用地都紧邻着一个预留绿地，为每个中心未来的发展留有余地的同时，也构成了当下阶段的中庭景观，可供骑自行车、健身、散步、采橘、赏花、在生态池塘垂钓……

　　所有质检场地均为双流线设计，二层展示大堂以生态天桥相连，公众参观流线与办公流线分离，最大限度保证各种活动有序进行，互不干扰，参观人群可通过空中廊道快捷穿行，用最佳视角浏览整个园区，并亲身参与质检的科研活动。项目沿用中国村落与原野的概念，将空间划分成类似稻田的模块，以60米×60米设计，可以自由组合、拆分和连接，满足不同办公类型需要。

COMERCIAL VALLER PARK

中央商谷公园
——一座全新的现代滨水商务公园

项目业主：贵州福明房地产置业有限公司
建设地点：贵州 铜仁
建筑功能：休闲商业、住宅、商业综合体
用地面积：379 808平方米
建筑面积：1 982 621平方米
建筑高度：18~150米
设计时间：2014年
项目状态：设计中
获奖情况：招标第一名

三个概念与三个尺度

1.城市尺度　　　　　　　2.都市尺度　　　　　　　3.滨江尺度

　　这个项目规模巨大，功能复杂，凝聚了惊人的公众力量。然而，我们基于对生活环境的尊重与基础设施的完善这一优先原则，使其不失柔和地融入自然景观中，源源不断地为周边社区提供更好的服务。

　　设计中我们遵循"中央公园将成为城市创新构架的核心，如同公园般的林荫大道，新的商务旅游首选之地，多样化的居住机会、一个生机勃勃的社区，注重文化教育，合理的密度与天际线配置，智能基础设施，可持续发展能源独立的典范"八大指导原则。

　　这是一次对城市新中心的革命性的分析与沟通。这个项目一定会成功，因为我们确信铜仁乃至贵州西部都会喜欢这个崭新的滨水区。

乔雪松

创始合伙人

    在创立BENJAI之前，乔雪松先生为知名的法国设计公司驻沪办负责人。多年的旅法经历造就了BENJAI国际化的视野和多元化的设计包容能力以及对国内建筑市场的适应与理解能力。对建筑设计品质艺术化的追求始终贯穿其中。以精彩的设计成果和高附加值的艺术价值得到了客户的赞许。

李 想

创始合伙人

    拥有多年大型地产项目设计经验，深刻领会国内大型城市综合体及居住区开发的全过程，善于在项目前期为客户提供富于开创性的专业建议与总体方案。设计风格新锐，对设计品质要求孜孜不倦，一直努力在多类型的实际工程中实现和发展BENJAI的设计理念和追求。

袁轶海

高级合伙人

    拥有建筑专业背景以及十几年大型项目设计管理经验，并参与多项重要性项目，类型涵盖城市规划、酒店、商业综合体与住宅等。尤其擅长项目前期的协调工作和方案后期的高质量落地工作。凭借对业主材料构造专业知识的贡献，对现场流程的有效把控以及丰富的施工方式经验，每每实现业主利益最大化，赢得合作伙伴的高度肯定。

BENJAI ARCHITECTURE（彬占建筑）创始合伙人有多年法国知名设计事务所设计管理经验。在秉承了原公司国际化设计理念的同时，我们一贯坚持认真、执着、创新的工作理念，追求从设计顾问角度最大化配合业主的项目来推进工作，追求为业主提供创高品质的设计作品。公司业务涉及商业、酒店、办公、居住、文化、教育、室内等领域。

我们的追求是：
BENJAI ARCHITECTURE所设计的每一件艺术品、每一个空间以及每一座城市都将是我们与业主及合作伙伴专业意见交集的结晶，它们将阐释出与时俱进的和谐人文与惬意生活。

地址：上海市恒丰路436号环智国际大厦
电话：021-63537233
传真：021-63536051
网址：www.benjaicn.com
电子邮箱：office@benjaicn.com

FUZHOU SHIMAO INTERNATIONAL CENTER

福州世茂国际中心

项目业主：世茂集团房地产控股有限公司　　建设地点：福建 福州
建筑功能：商业、办公、酒店　　　　　　　用地面积：55 780平方米
建筑面积：345 200平方米　　　　　　　　设计时间：2007年
项目状态：建成　　　　　　　　　　　　　合作单位：华东建筑设计研究院
设计单位：BENJAI ARCHITECTURE　　　　　设计团队：Valode & Pistre Architects、乔雪松、李想

　　2007年，我们受业主委托，要在福州建设一座超高层地标及数栋超高层建筑，集酒店、办公、酒店式公寓、住宅、商业多功能于一体。这个项目将成为领先整个福建的地标项目，代表了业主在商业地产领域雄心勃勃的计划。

　　经过十多轮的方案调整，最终定稿设计方案立面风格简洁现代，250米高的塔楼傲视整个福州，在夜晚成为更加璀璨的地标。主楼为全玻璃幕墙外立面，裙房为玻璃幕墙与铝板幕墙的组合，整个项目晶莹剔透，一改以往沉闷的城市建筑风格。精益求精的态度从概念设计贯穿至施工现场服务，最终完成了能够代表业主企业形象的又一城市地标。

SHANGHAI ZHENRU LENOVO SCIENCE & TECHNIQUE COMPLEX

上海真如联想科技城

项目业主：联想控股股份有限公司
建设地点：上海
建筑功能：商业、办公、居住
用地面积：69 780平方米
建筑面积：289 790平方米
设计时间：2012年至今
竣工时间：2018年
合作单位：同济大学建筑设计研究院
设计单位：BENJAI ARCHITECTURE
设计团队：乔雪松、李想、Alexandre Cottaris、刘又铭、尤江滨、刘佳艳

上海的真如板块正在崛起，普陀区政府对此寄予厚望。

联想集团作为一家世界级的IT巨头，希望在这里开发自己的写字楼、商业中心及公寓。建筑师从联想集团多元化的背景以及IT行业快速发展的特点出发，试图探索出一套独特的设计语言，设计一组能够强烈体现企业特色的地标建筑。为了打造上海最具科技感的商业中心，在街角留出了大面积的城市公共空间，结合下沉广场以及地块旁城市地下公共空间，让建筑与城市充分融合。由不同的现代建筑材料包裹的巨大体量组合在一起，对比强烈却浑然一体。将不同尺度与不同技术的各种信息表达媒介整合在建筑上，使得整个建筑日夜不间断地向城市传达世界最新的IT新闻与科技动向。在标榜科技的同时，各种充满趣味的露台、屋顶主题花园等的设计，也让巨大的商业中心富有生活情趣。

NANJING LENOVO SCIENCE & TECHNIQUE COMPLEX

南京联想科技城

项目业主：联想控股股份有限公司
建设地点：江苏 南京
建筑功能：商业、办公、居住
用地面积：73 200平方米
建筑面积：492 938平方米
设计时间：2012年至今
竣工时间：2017年
合作单位：江苏中核华纬工程设计研究有限公司
设计单位：BENJAI ARCHITECTURE
设计团队：乔雪松、袁轶海、Alexandre Cottaris、徐建兵、索超、薛诺

南京是一座历史悠久的城市，联想集团委托BENJAI在这里设计一座具有科技企业特色的城市综合体，作为自己在江苏省的总部。

建筑师从南京的历史文脉与联想的科技企业背景出发，试图找出两者完美的契合点。项目中的超高层塔楼围绕在地块周围，建筑形体是由水晶体的形状提炼概括出来的。一组不规则形状的超高层塔楼犹如连绵而挺拔的山峰；商业人流就像流水，形成了固定的主要商业动线，由此设计出了一系列室内外商业空间，消费者在这里行走宛如流水在山间流淌。这就是本项目试图打造的空间体验。

科技感仍然是本项目的主题。无处不在的信息媒介播放着实时的IT与金融新闻，大量LED与设计整合在一起，打破一般商务区沉闷的氛围。

我们期待本项目在南京落成的那一天，它将成为整个城市璀璨的地标。

SHANGHAI "MARINE PRODUCTS TRADING HARBOR" OCEAN THEME DISTRICT

上海临港新城"海洋产品贸易港"海洋主题商圈

项目业主：联想控股股份有限公司　建设地点：上海
建筑功能：商业、办公、居住　　　用地面积：99 137平方米
建筑面积：175 985平方米　　　　设计时间：2013年—2014年
竣工时间：2017年　　　　　　　　设计单位：BENJAI ARCHITECTURE
设计团队：Filip Eric Vandycke、李想、赵茜茜、薛诺、索超
获奖情况：2013年国际竞赛第一名

　　作为上海临港新城"海洋产品贸易港"的启动项目，在临港新城简洁现代的城市建筑风格背景下，如何做到"与众不同"并且有"临港特色"，是设计前进行多维度分析的出发点。

　　建筑师充分分析了地块与城市、大海以及上海自贸区的关系，从海洋生物奇妙的形状提炼演绎出一系列独特的曲线组合。

　　结合本地块"海洋产品贸易港"的主题以及一定比例的文化设施配置要求，按照生物进化"由海洋到陆地"的时空顺序，赋予了不同的空间特定的海洋生物与人文主题。

　　灵活的空间组合，简洁的建筑立面与独特的群体效果，让这里成为临港的又一地标。

这是一个临水的小地块，业主希望我们在这里设计出一组独特而低调的房子。

建筑平面由一系列矩形经过严整的关系组合而成。我们尝试新的空间词汇，主要房间都是方正的，交通空间富于多变，让这里的使用者每天都能感受到奇妙的空间体验。

建筑立面选用水平向拉槽的深灰色的石材，每次下雨后，淋湿的石材都变成了黑色。整个建筑在上海多雨的季节一直在微妙地变换着颜色，这的确是一件很有意思的事情。

SHANGHAI SPG NANHUI SCIENCE & TECHNIQUE PARK OFFICE BUILDING

上海盛高置地南汇科技园办公楼

项目业主：盛高置地（控股）有限公司
建设地点：上海
建筑功能：办公
用地面积：3 633平方米
建筑面积：5 325平方米
设计时间：2011年
项目状态：建成
设计单位：BENJAI ARCHITECTURE
设计团队：李想、Danni Soler Alexandre Cottaris、刘又铭

HANGZHOU SHIMAO EAST-ONE RESIDENTIAL PROJECT

杭州世茂东壹号住宅项目

项目业主：世茂房地产控股有限公司　　建设地点：浙江 杭州
建筑功能：住宅　　　　　　　　　　　用地面积：37 387平方米
建筑面积：124 180平方米　　　　　　设计时间：2013年
竣工时间：2015年　　　　　　　　　　合作单位：浙江东都建筑设计研究院
设计单位：BENJAI ARCHITECTURE
设计团队：袁轶海、刘瑗、刘佳艳、徐建兵、索超、薛诺、赵茜茜

作为杭州牛田板块首批启动的住宅项目，业主的开发周期很紧张，整个项目从拿到地到开盘，只用了八个月时间，这对规划审批以严格著称的杭州来说，已经是很快的速度了。

留给建筑师的设计时间不多，对设计品质的要求却更严格。

小区空间规划采用了经典的构图，在有限的空间里打造了中央景观。所有户型南北通透，"2014上半年杭州江干区住宅销冠"就是购房者对本项目认可的证明。

整个小区的建筑风格为简约法式，营造出低调的奢贵感。

HEBI SHENGLONG QISHUI BAY CBD

鹤壁升龙淇水湾商务区

项目业主：上海升龙投资集团有限公司
建筑功能：商业、办公、酒店、住宅
建筑面积：453 600平方米
竣工时间：2017年
设计团队：李想、Filip Eric Vandycke、徐建兵、刘又铭、赵茜茜

建设地点：河南 鹤壁
用地面积：100 800平方米
设计时间：2013年至今
设计单位：BENJAI ARCHITECTURE

鹤壁是中国一个内陆城市，而淇水湾商务区有着得天独厚的自然条件。受业主委托，我们需要在这里设计一座城市综合体，包括一系列超高层办公、酒店、公寓、主题广场以及临水风情商业街。这个项目是淇水湾发展的启动项目，备受当地政府关注。

经过多番概念构思，BENJAI的设计团队提出了双组团围合的规划格局，中间是淇水湾新城的主轴线，通向淇河。"开放的博物馆"是这个项目设计提出的一个新概念，在主轴线上各种文化元素与景观相融合。中央办公双塔高度达到180米，两侧其他塔楼高度依次递减；同时两组建筑形成的扇形广场向淇河方向逐渐打开，中央环抱一个椭圆形的水面。

整个项目建筑立面简洁现代，有序排列的建筑群体形象重新定义了鹤壁的城市面貌。

祁斌

职务：副总建筑师
　　　建筑创作一所/所长
职称：国家一级注册建筑师
　　　教授级高级建筑师

教育背景
2009年—2010年　美国麻省理工学院/访问学者
2009年—2010年　美国哈佛大学/客座评论建筑师
1996年　　　　　清华大学/建筑学院/建筑设计及理论/硕士

工作经历
2007年至今　清华大学建筑设计研究院有限公司/副总建筑师
2005年至今　清华大学建筑设计研究院有限公司/建筑专业一所所长
1998年—2001年　日本佐藤综合设计（AXS）/研修

刘玉龙

职务：董事
　　　副院长
　　　副总建筑师
职称：国家一级注册建筑师

教育背景
1987年—1992年　同济大学/建筑城规学院/建筑系/学士
1996年—1998年　清华大学/建筑学院/建筑系/硕士
2001年—2007年　清华大学/建筑学院/建筑系/博士

工作经历
2007年至今　清华大学建筑设计研究院有限公司/董事、副院长、副总建筑师
2001年—2007年　清华大学建筑设计研究院/建筑工程设计三所所长
2004年　　　　　法国CSTB可持续发展设计研究
1992年至今　清华大学建筑设计研究院有限公司

清華大学 建筑设计研究院有限公司
ARCHITECTURAL DESIGN & RESEARCH INSTITUTE
OF TSINGHUA UNIVERSITY CO., LTD.

　　清华大学建筑设计研究院成立于1958年，为国家甲级建筑设计院。2011年1月，经教育部批准，改制为清华大学建筑设计研究院有限公司。

　　设计院依托清华大学深厚广博的学术、科研和教学资源，成为建筑学院、土木水利学院等院系的实践基地，十分重视学术研究与科技成果的转化，规划设计水平在国内名列前茅。

　　设计院现有工程设计人员600余人，其中院士3人、勘察设计大师3人、国家一级注册建筑师100余人、一级注册结构工程师60余人，高级专业技术人员占40%以上，人才密集，专业齐全，人员素质高，技术力量雄厚。作为国内久负盛名的综合设计研究院之一，业务领域涵盖各类公共与民用建筑工程设计、城市设计、居住区规划与住宅设计、城市总体规划和专项规划编制、详细规划编制、古建筑保护及复原、景观园林、室内设计、检测加固、前期可研和建筑策划研究以及工程咨询。

　　设计院自成立至今，始终严把质量关，秉承"精心设计、创作精品、超越自我、创建一流"的奋斗目标，热诚地为国内外社会各界提供优质的设计和服务。

　　我们的队伍是年轻的、充满活力的，如果说建筑是一座城市的文化标签，我们的建筑师将用流畅的线条勾勒它，用灵魂的笔触描绘它，用迸发的激情演绎它，目的只有一个——让世界更加美好。

地址：北京市海淀区清华大学设计中心楼
电话：010-62789999
传真：010-62784727
网址：www.thad.com.cn
电子邮箱：jzsjy@tsinghua.edu.cn

XUZHOU ART MUSEUM

徐州美术馆

项目业主：徐州市日报社
建筑功能：展览
建筑面积：23 114平方米
设计时间：2007年—2008年
设计单位：清华大学建筑设计研究院有限公司
获奖情况：2011年第六届中国建筑学会建筑创作奖优秀奖
　　　　　2011年教育部优秀工程勘察设计奖一等奖

建设地点：江苏 徐州
用地面积：18 000平方米
建筑高度：24米
项目状态：建成

　　徐州美术馆是一个城市资源优越的公共文化建筑，建筑设计从普通市民的参与性角度出发，在城市历史、环境、人文脉络中梳理出让普通市民能够领悟和感触的线索，将最优越的城市资源尽可能地开放给市民，使建筑生长于市民生活之中，让公共文化建筑体现"公共性"价值。开放的公共文化建筑为城市生活注入新的内涵，让城市和建筑回归普通人的情感认同。

XUZHOU CONCERT HALL

徐州音乐厅

项目业主：徐州市建设局
建筑功能：剧院、歌舞、演播室
建筑面积：13 322平方米
设计时间：2007年—2008年
设计单位：清华大学建筑设计研究院有限公司

建设地点：江苏 徐州
用地面积：40 000平方米
建筑高度：28.9米
项目状态：建成

获奖情况：2011年中国室内设计评选优秀公共空间设计作品
2012年中国室内设计评选十佳公共空间设计作品
2011年第十四届中国室内设计大奖赛中国室内设计学会奖
2012年中国建筑学会建筑设计奖（建筑创作）银奖
2013年教育部优秀工程设计奖二等奖
2013年全国优秀工程勘察设计行业奖一等奖

　　徐州音乐厅以音乐演出为主功能，兼具歌舞剧院、演播室等多种功能。设计取意徐州的市花——紫薇花的形态。建筑整体犹如层层展开的花瓣，勾勒出花朵婀娜的形态，绽放在云龙湖平静的水面上。开放的室外看台及休闲空间环绕建筑主体，以云龙湖为舞台背景，成为城市公共演出的开放舞台，也为市民提供了一处观湖休闲的公共空间。建筑契合场所、地形、功能特征，形成具有象征性的理性建筑形态，融入山水城市最优美的景观中，也象征着锐意创新的城市新精神。

SCHOOL OF MEDICINE, TSINGHUA UNIVERSITY

清华大学医学院

项目业主：清华大学
建筑功能：科研、教育
建筑面积：46 500平方米
项目状态：建成
获奖情况：2007年北京市优秀工程设计一等奖
　　　　　2008年中国建筑学会建筑创作优秀奖
　　　　　2008年全国优秀工程勘察设计行业奖一等奖
　　　　　2008年全国优秀工程勘察设计金奖

建设地点：北京
用地面积：23 803平方米
设计时间：2002年10月—2005年3月
设计单位：清华大学建筑设计研究院有限公司

　　清华大学医学院楼位于清华大学校园西部，本设计通过对校园肌理的拓扑和发展以及对围合、院落、轴线、尺度的运用，创作出具有清华校园空间特色的建筑群体。

　　基于圆明园、清华校园两大文物保护区的限制，以渐退的体量、八角形的入口、红砖和相同质地墙面砖的有机组合等手法的运用，在延续文物保护区历史文脉的同时，得体地表现时代特征。

　　建筑空间体现科学实验和人文精神的结合，在安排好复杂技术功能的前提下，创造出诸多不同尺度的交往空间，促进学术交流。

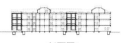

北立面图　　　　剖面图1

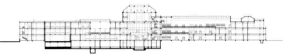

剖面图2

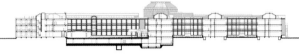

剖面图3

东立面图

西立面图

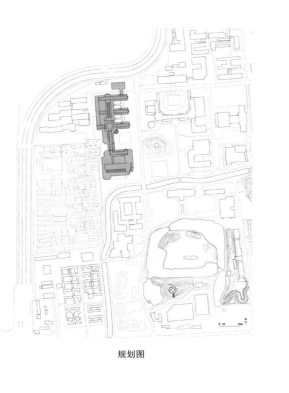

规划图

一层平面图

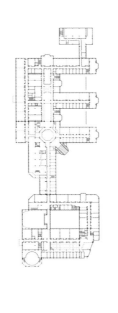

二层平面图

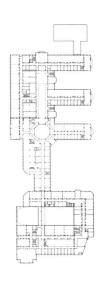

三层平面图

INNOVATION PARK BUILDING, DALIAN UNIVERSITY OF TECHNOLOGY

大连理工大学创新园大厦

项目业主：大连理工大学
建设地点：辽宁 大连
建筑功能：科研教育建筑
用地面积：31 880平方米
建筑面积：36 635平方米
设计时间：2003年12月—2005年06月
项目状态：建成
获奖情况：2007年教育部优秀设计奖二等奖
　　　　　2008年全国优秀工程勘察设计行业奖三等奖

　　大连理工大学创新园大厦位于大连理工大学校园轴线北部端点上，是校园内一处重要的制高点。布局因地制宜，借势造景，创造校园轴线开放的端点，成为校园空间的标志建筑。

　　12层主楼和16层翼楼构成"T"形，正中的门洞使校园轴线由此延伸到北端。东翼利用台地地形，形成室外学术论坛和绿地台地的呼应。

　　平面布局采用模块化理念，体现教学科研建筑的灵活性。高层主楼交通核心在平面两端，形成开放式使用区域，为将来的更新改造提供了最大的灵活性；隔层设置一个两层高的交流研讨区。创新平台与学术论坛、绿地台地形成动态室外活动空间，创造科研、创新、交流相融合的空间环境。

　　建筑外饰面上的黑色铝塑板和金属铝板、菊花黄石材等相互映衬，加上柱廊、金属格栅、百叶等的点缀，形成富有科技感的丰富的建筑形象。

USTB GYMNASIUM

北京科技大学体育馆

项目业主：北京科技大学
建设地点：北京
建筑功能：体育
建筑面积：24 662平方米
设计时间：2004年11月—2005年9月
项目状态：建成
设计单位：清华大学建筑设计研究院有限公司

　　北京科技大学体育馆在奥运期间承担奥运会柔道、跆拳道比赛，在残奥会期间被用作轮椅篮球、轮椅橄榄球比赛场地。工程由主体育馆和一个50米×25米标准游泳池构成，主体育馆中设60米×40米的比赛区和观众座席8 012个，满足奥运会及残奥会比赛的要求。

　　奥运会后，拆除临时看台，恢复为5 050个标准席，可承担重大比赛赛事，承办国内柔道、跆拳道赛事及学校室内体育比赛、教学、训练、健身、会议、文艺演出等。

CUBE DESIGN

深圳市立方建筑设计顾问有限公司
深圳市库博建筑设计事务所有限公司

邱慧康

职务：执行董事、首席建筑师
职称：国家一级注册建筑师

教育背景
1990年—1994年　华中理工大学/建筑学系/学士
1994年—1997年　华中理工大学/建筑学系/硕士，师从胡正凡先生

工作经历
1997年—2001年　香港华艺设计顾问有限公司/高级建筑师、副经理
2001年　　　　　创建深圳市立方建筑设计顾问有限公司
2006年　　　　　创建深圳市库博建筑设计事务所有限公司
　　　　　　　　深圳市规划国土委建筑专家
2009年　　　　　获深圳市勘察设计行业首届十佳青年设计师称号

历 史　　深圳市立方建筑设计顾问有限公司成立于2001年，是设计市场开放以后最早活跃在深圳的本土新锐设计公司之一。2006年以立方公司的英文名（CUBE）命名的深圳市库博建筑设计事务所有限公司获得中国建筑事务所甲级资质，证书编号为A144021061。

团 队　　立方团队由近300名建筑师、规划师、景观设计师、造型设计师和结构、机电工程师组成，其中既有本土先锋的设计师，也有来自德国、加拿大的外籍设计师和海归设计师；有享受政府津贴的研究员级高级工程师，具有大型国有设计院背景的一级注册建筑师、注册结构师，也有富有才华的新生代工程设计师……立方聚合了越来越多的各方精英，为梦想一起奋斗、一起前行！

服 务　　公司目前已成长为具有丰富全程设计与控制经验的综合性设计服务商，能为客户提供包括规划、建筑、景观、室内设计及结构、设备咨询等工作内容的一站式设计服务。在项目运作过程中，公司始终保持对市场的敏锐洞察力和开阔的国际视野，在尊重城市、公众利益及市场的前提下充分为客户发掘价值，并以其方案设计的创造性思维、对建筑品质的高度控制力和有特色的全程服务获得了客户、业界及公众的广泛肯定。

电话：0755-83592558
网址：www.cube-architects.com
微博：weibo.com/cubedesign

理 念　　极具原创精神，关注建筑品质。立方坚持不懈地追寻建筑本身的品质和价值，更明确了自己的责任与目标，以切实改善城市环境、改善大众生活品质为己任，积极参与到广泛的城市建设的潮流中，在主流的设计领域为大众提供更多高品质的建筑与环境。

SHENZHEN OCT · SWAN LAKE

深圳华侨城·天鹅湖

项目业主：深圳华侨城房地产有限公司
建筑地点：广东 深圳
建筑面积：322 000平方米
设计时间：2012年
项目状态：在建
设计单位：深圳市库博建筑设计事务所有限公司
主创设计：邱慧康

　　项目是地处深圳华侨城天鹅湖畔的超高层住宅建筑群，拥有120~180米高的体量，可提供250~450平方米不同类型的国际化顶级居住产品。
　　设计从城市设计的角度，遵循片区的城市肌理，完善道路的界面，与周边楼盘在空间形态上有所呼应，实现开发商与城市公共利益的共赢。充分整合并利用区域内各种有利资源，以自然条件、历史文脉及时尚元素为载体，将本项目打造成超越本市华侨城·波托菲诺（Portofino）项目的城市顶尖财富阶层聚集地，并以此为契机，塑造华侨城北门户的整体形象，使其成为华侨城北区的标志、深圳新的区域地标，从而进一步提升华侨城的城市地位及社会形象。

FANTASIA · FUTURE PLAZA

花样年·香年广场

项目业主：深圳市花样年投资发展有限公司
建筑地点：广东 深圳
建筑面积：33 000平方米
设计时间：2006年
项目状态：建成
设计单位：深圳市库博建筑设计事务所有限公司
主创设计：邱慧康

灵活可变且富有创新的精神空间及有集聚氛围的场所，使得这里成为"80后"设计艺术工作者扎堆的区域。建筑造型明快、简洁大方，用富有现代感的材料和构图要素营造夺目的现代都市景观。标准的模块化立面单元更是体现了快速发展的工业科技及快速提高的工作效率。

FOSHAN NEWS CENTER

佛山新闻中心

项目业主：佛山市新闻中心建设管理有限公司
建设地点：广东 佛山
建筑面积：88 000平方米
设计时间：2003年
项目状态：建成
设计单位：深圳市库博建筑设计事务所有限公司
主创设计：邱慧康

佛山新闻中心坐落于佛山市城市主文化轴上的世纪莲体育中心的东侧，与世纪莲体育中心一同成为佛山市民举行文化活动、节日庆典活动的主要场所。

佛山新闻中心由电视台、电台、报社及公共信息服务四大功能板块组成，是城市公共信息的CPU（中央处理器），高效率和亲和力的双重特质是设计师对它的解读。清晰的方格网是建筑布局的结构脉络，而可调节的"天幕"整合了"山丘"和高低不同的建筑；强化了格构组成的105米×150米×30米的半透明的"方"形体，与世纪莲的"圆"相呼应，由此产生"人工化自然"中的内与外、虚与实的模糊美。

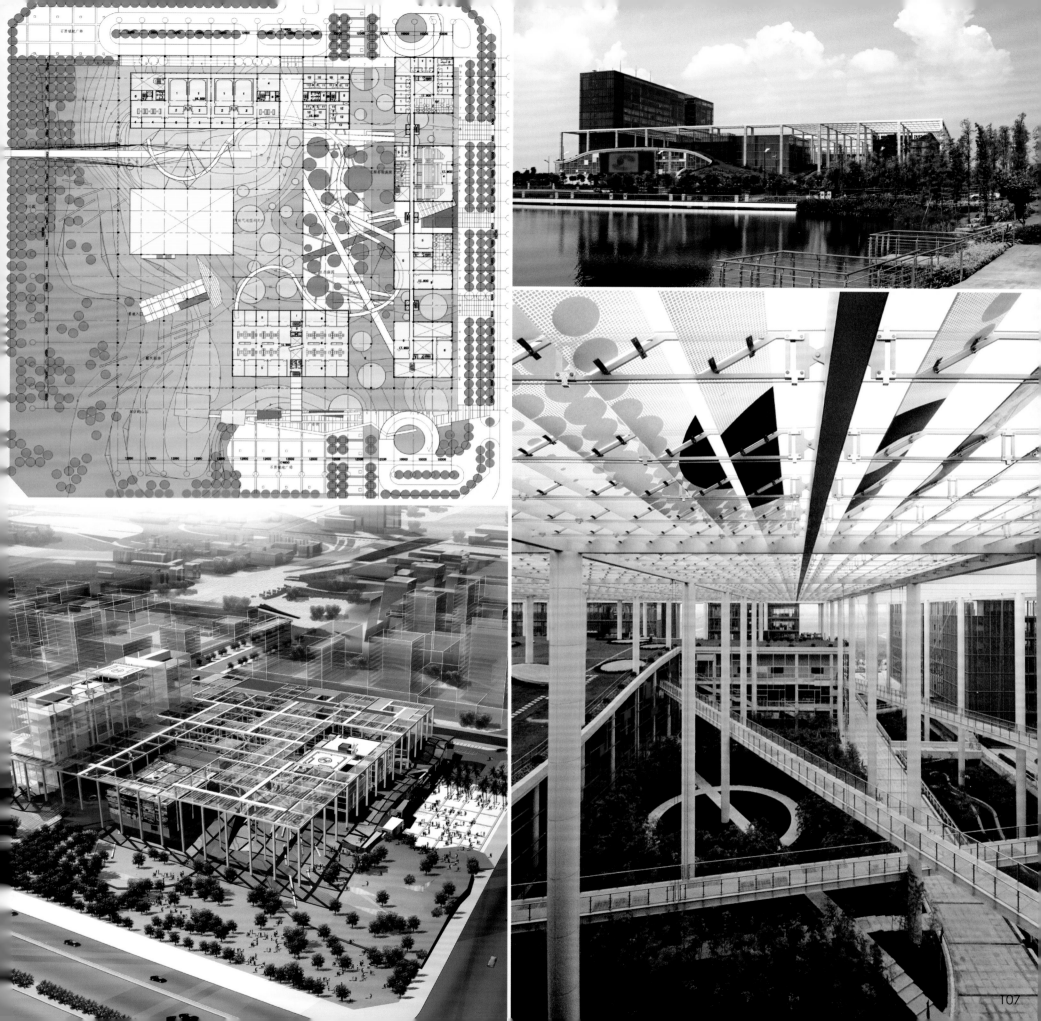

CHONGQING TIAN'AN HEADQUARTERS BASE

重庆天安总部基地

项目业主：重庆天安数码城有限公司
建设地点：重庆
建筑面积：59 000平方米
设计时间：2012年
设计单位：深圳市库博建筑设计事务所有限公司
主创设计：邱慧康

总部基地建筑群尊重场地原有地形，结合场地高差将建筑群分为两列，保证各栋建筑均有江景视野。

建筑体量与依山势叠落的景观平台联系紧密，空间得以在三维方向上展开，类似"吊脚楼"的建筑形式和多层次的空间体验为建筑群植入了重庆"山城"的城市特色。利用场地现有高差创造丰富的室内外空间，使园区成为不受边界控制且可无限延展的研发空间。对此，方案提出以"L"形建筑体量围合半开敞式庭院的基本模式，结合各栋建筑所处位置的现状单独展开设计，营造积极的外部空间，促进建筑与环境的互动，上部出挑的办公体量与下部横向的商业体量形成对比，增加了建筑的昭示性。

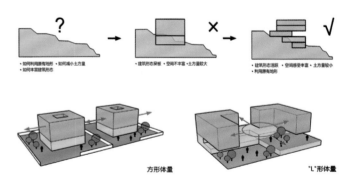

方形体量　　　　　　　　　　　　"L"形体量

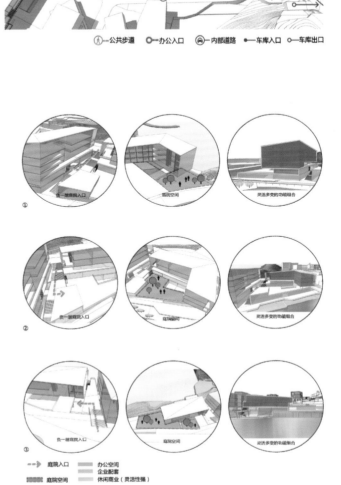

中國建築東北設計研究院
CHINA NORTHEAST ARCHITECTURAL DESIGN & RESEARCH INSTITUTE

苏志伟

出生年月：1980年09月
职　务：主任建筑师
职　称：高级建筑师/国家一级注册建筑师

教育背景
1998年—2003年　哈尔滨工业大学/建筑学/学士

工作经历
2003年至今　中国建筑东北设计研究院有限公司

主要设计作品

沈阳财富中心	荣获：2006年中建总公司优秀方案一等奖
	2006年辽宁省优秀工程二等奖
沈阳华锐世纪广场(华府天地)	荣获：2005年中建东北院优秀方案一等奖
	2009年辽宁省优秀工程二等奖
	2006年中建总公司优秀方案三等奖
蚌埠医学院附属医院	荣获：2006年中建总公司优秀方案三等奖
	2013年沈阳市优秀工程一等奖
	2014年辽宁省优秀工程二等奖
葫芦岛客运站	荣获：2004年中建东北院优秀方案三等奖
	2006年中建东北院优秀工程三等奖
营口红运酒店	荣获：2006年中建东北院优秀方案二等奖
大连飞通喜来登酒店	荣获：2009年中建东北院优秀方案二等奖
大连长兴岛三堂地区新建小学	荣获：2010年中建东北院优秀方案三等奖
	2012年中建东北院优秀工程二等奖
大连长兴岛汽车维修有形市场	荣获：2012年中建东北院优秀方案二等奖
大连营城子中心小学	荣获：2014年辽宁省优秀工程设计一等奖

中国建筑东北设计研究院有限公司系国家大型综合建筑勘察设计单位，始建于1952年，隶属中国建筑工程总公司（世界五百强企业）。具有建筑工程甲级设计资质，同时具有岩土勘察、工程咨询、工程监理、装饰工程、施工图审查等甲（壹）级资质。2011年被评为辽宁省高新技术企业。

公司专业配置齐全，包括建筑、规划、园林、结构、给排水、暖通、电气、电讯、动力、建筑经济、建筑装饰、建材、勘察、岩土、监理等专业。业务涵盖建筑工程、城乡规划、市政工程、风景园林、人防工程、新型建材、装饰工程、岩土勘察、工程咨询、工程监理、工程造价等。

公司在沈阳总部设有大师工作室、十个综合设计所、国际业务部、规划与景观事业部、基础设施事业部、投资管理与项目咨询事业部、科技研发中心及咨询公司、岩土公司、装饰公司、监理公司和审图公司。在深圳、厦门、福州、大连设有分公司，并在重庆、青岛、长春、哈尔滨和营口设有分支机构。全公司实行数字化网络管理。

公司现有职工1 376人，其中国家建筑设计大师1人、辽宁省设计大师10人、享受政府特殊津贴专家19人、国家一级注册建筑师和一级注册工程师108人，教授级高级建筑师和教授级高级工程师83人、高级建筑师和高级工程师260人、建筑师和工程师307人。

公司成立50多年来，共完成20 000多项各类工业与民用建筑设计。工程涉及各个行业，遍及国内27个省、自治区、直辖市及欧洲、亚洲、非洲等十几个国家和地区。先后荣获国家级、省部级优秀设计奖950余项。多年来，主编和参编了几十项国家、行业及省、市技术标准与设计规范，获得多项国家授权的实用新型和发明专利。在历届全国勘察设计单位综合实力评比中，均位居百强之列，名列建筑设计单位前茅，在国内外建筑界享有较高的声誉。

近年来，公司连续获中国勘察设计协会"优秀勘察设计院"奖，被中国建筑学会评选为"当代中国建筑设计百家名院"。

公司全面贯彻GB/T 19001–2008、GB/T 24001–2004和GB/T 28001–2011标准，确保向用户提供优质的产品和满意的服务。

地址：沈阳市和平区光荣街65号
电话：024–23860285
传真：024–23861440
网址：www.cscecnei.com
电子邮箱：cnadri–dl@163.com

DALIAN CENTER · ETON (PUBLIC BUILDINGS)

大连中心·裕景（公建）

项目业主：裕景兴业（大连）有限公司
建设地点：辽宁 大连
建筑功能：城市综合体
用地面积：62 000平方米
建筑面积：475 869平方米
设计时间：2008年09月
项目状态：主体建成
设计单位：中国建筑东北设计研究院有限公司
合作设计：NBBJ
设计团队：魏立志、苏晓丹、赵成中、苏志伟、赵荣棵、
　　　　　周桂斌、陈天禄、赵海波、柳健、卢莹、
　　　　　金彪、陈忱、田沁元

　　大连中心·裕景（公建）包含两座超高塔楼ST1、ST2和一栋5层高商业楼。
　　塔楼ST1：共81层，消防高度350.9米，建筑最高点383.45米，使用功能为五A级高档写字楼，586间五星级ETON酒店，158套白金五星级套房酒店及配套的专卖店、餐厅、健身中心、游泳池等。
　　塔楼ST2：共62层，消防高度257.9米，建筑最高点279.65米，使用功能为SOHO型办公，211套酒店式公寓。
　　商业楼是大连中心·裕景的核心，布置有时装精品店、高档奢侈品店、综合百货商场、专卖店、美食广场、溜冰场、会议展览中心、影院。
　　地下室共4层，地下一层为商业功能，地下二层至地下四层为小汽车停车库及设备用房，制冷站、水泵房、换热站及变电所均设在地下室，地下车库共提供2 297个车位。

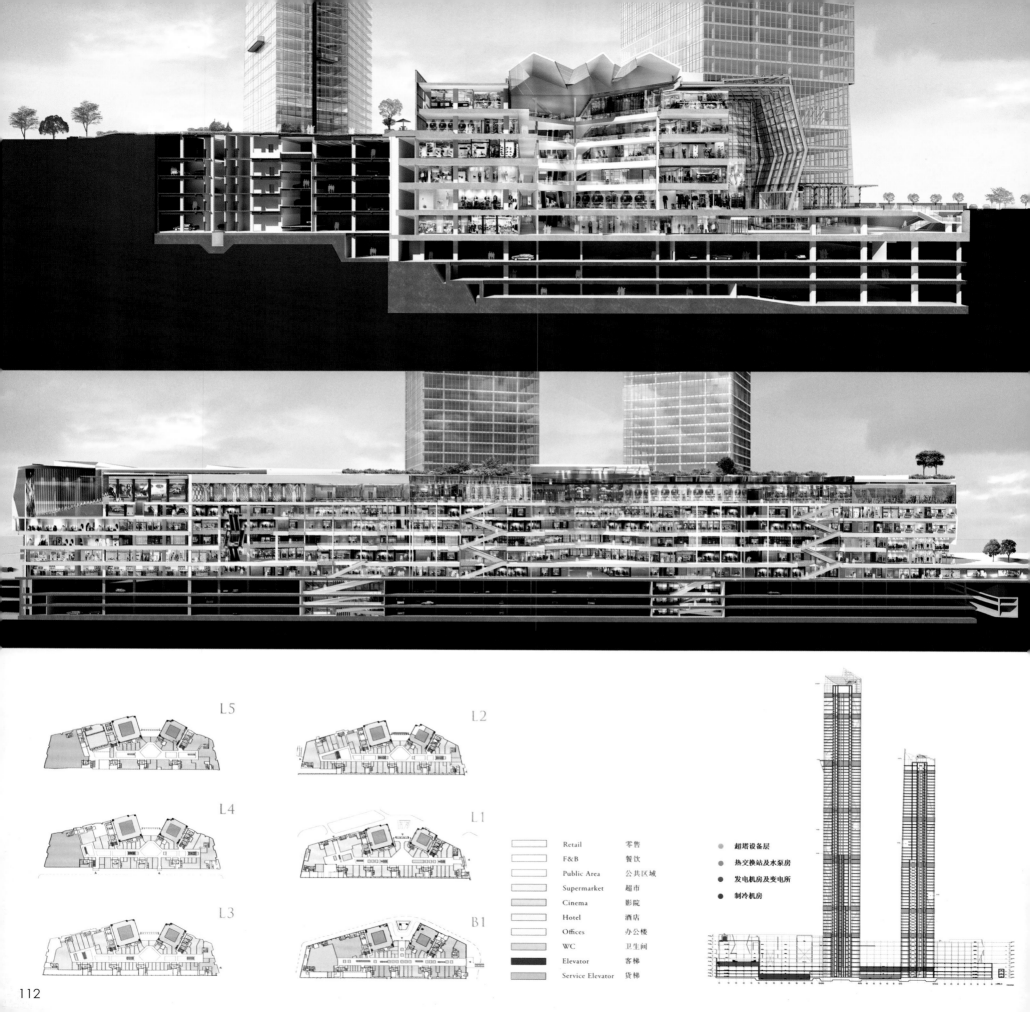

L5

L2

L4

L1

L3

B1

	Retail	零售
	F&B	餐饮
	Public Area	公共区域
	Supermarket	超市
	Cinema	影院
	Hotel	酒店
	Offices	办公楼
	WC	卫生间
	Elevator	客梯
	Service Elevator	货梯

- 超塔设备层
- 热交换站及水泵房
- 发电机房及变电所
- 制冷机房

MEDICAL WARD BUILDING, AFFILIATED HOSPITAL OF BENGBU MEDICAL COLLEGE

蚌埠医学院附属医院门急诊内科病房楼

项目业主：蚌埠医学院附属医院
建设地点：安徽 蚌埠
建筑功能：医疗建筑
用地面积：29 432平方米
建筑面积：41 298平方米
设计时间：2007年08月
项目状态：建成
设计单位：中国建筑东北设计研究院有限公司
设计团队：吴非、苏志伟、孙宇、王雷
获奖情况：2007年中建总公司优秀方案三等奖
　　　　　2013年沈阳市优秀工程一等奖
　　　　　2014年辽宁省优秀工程二等奖

安徽省蚌医附院是皖北地区唯一的集医疗、教学、科研、预防、保健服务于一体的省级综合性医院，卫生部"三级甲等医院"，该工程为医院新建门急诊内科病房楼。

建筑设计充分贯彻"以人为本"的指导思想——"以患者为中心，以健康为中心"的设计理念，医技部分位于急诊、门诊和病房的交叉部位，极大地缩短了患者的行走路线，同时也缩短了医务人员的服务距离，提高了工作效率。

体形构思来源于对城市空间的把握和对医疗功能的解析，即延安路景观大道的城市定位要求标志性建筑的出现，复杂的内部功能要求简捷的造型关系，最终引导出现代简约的建筑艺术风格。参差变化的活动墙板体现出浓郁的欧洲风格派的造型手法，圆润的转角造型处理传达出医疗空间所特有的机器美学和无灰尘界面。

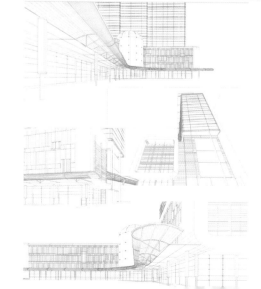

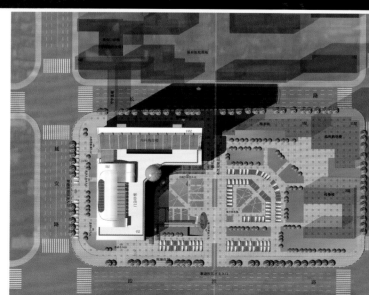

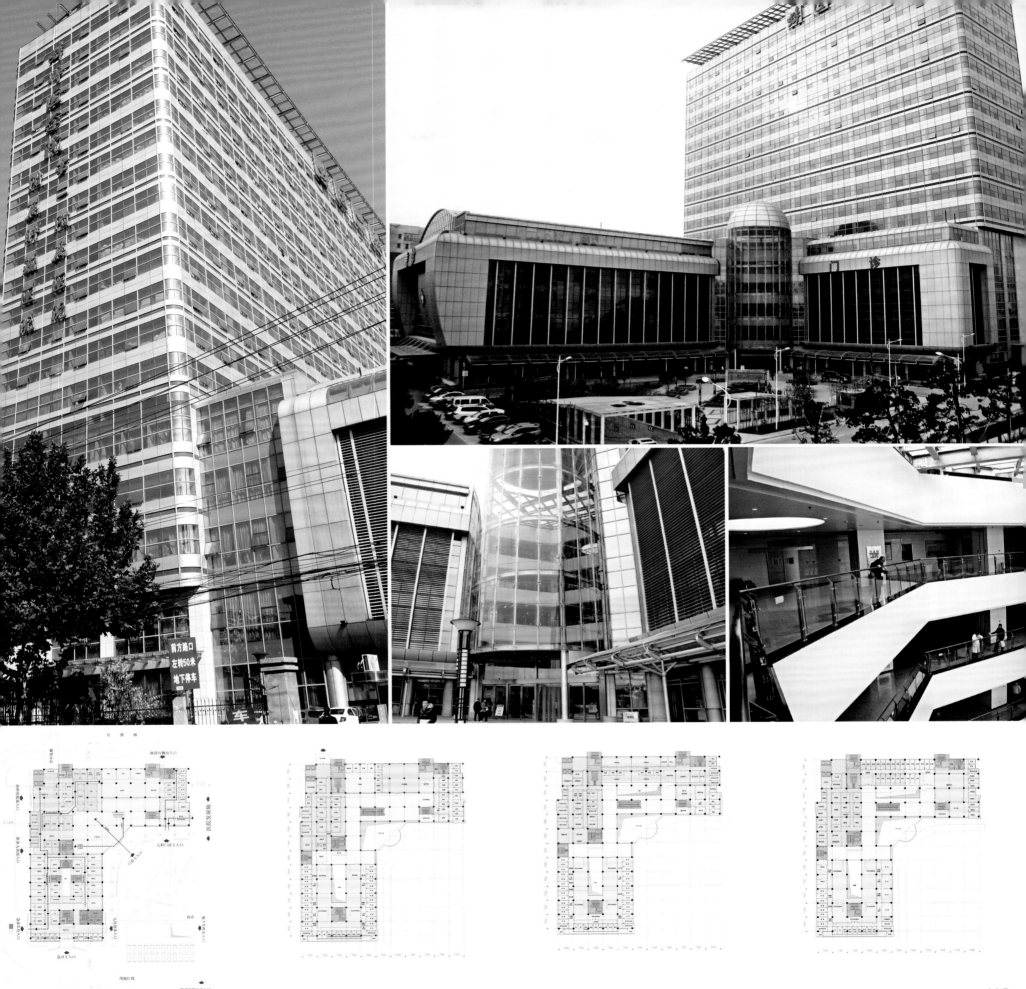

一层平面图   二层平面图   三层平面图   四层平面图

HULUDAO PASSENGER STATION

葫芦岛客运站

项目业主：葫芦岛市客运总站　　建设地点：辽宁 葫芦岛
建筑功能：交通建筑　　　　　　用地面积：69 565平方米
建筑面积：26 476平方米　　　　设计时间：2004年12月
项目状态：建成　　　　　　　　设计单位：中国建筑东北设计研究院有限公司
设计团队：魏立志、苏志伟、卢莹
获奖情况：2004年中建东北院优秀方案三等奖
　　　　　2006年中建东北院优秀工程三等奖

　　葫芦岛客运站位于辽宁省南部葫芦岛市连山区、龙港区、新城区三区交会处，年均日旅客发运量18 000人次，有长途发车位24个，短途发车位10个。

　　设计力求使建筑造型通透轻巧，空间简洁大方。轻钢桁架结构的屋顶造型突出了客运总站的标志性，使其具有海滨特色，与国家级、国际性的旅游开放名城相匹配。主立面采用透明玻璃幕墙，阳光透过虚实相间的屋面，散落到宽敞的候车大厅，整个主楼晶莹剔透，给远离海滨的市区带来一幅清新的美景，唤起了人们对海的记忆。

　　高耸的钟塔作为客运站的制高点，强化了建筑的标志性。副楼的形象充满动感，暗示了交通建筑的内在含义——"动"，富有动感的景象减少了候车旅客的焦虑。周围的商业网点在形体组合上采用虚实相映的手法，色彩和质感在整体上相协调，不同店面形象又各有不同，形成了既多样又统一的建筑群体。

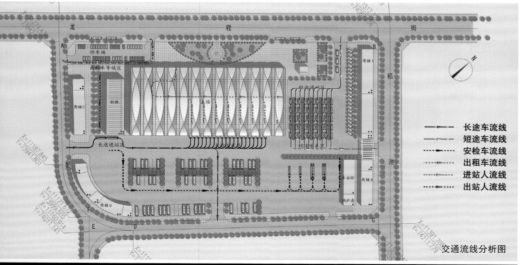

长途车流线
短途车流线
安检车流线
出租车流线
进站人流线
出站人流线

交通流线分析图

YINGKOU HONGYUN HOTEL

营口红运酒店

项目业主：营口红运大饭店有限公司　建设地点：辽宁 营口

建筑功能：酒店　建设地点：辽宁 营口

建筑功能：酒店　用地面积：21 219平方米

建筑面积：38 543平方米　设计时间：2006年10月

项目状态：建成　设计单位：中国建筑东北设计研究院有限公司

设计团队：苏晓丹、苏志伟、孙宇　获奖情况：2006年中建东北院优秀方案二等奖

　　营口红运酒店的定位为五星级酒店，总建筑面积38 543平方米。客房数为218套，是一座集商务客房、中西日式餐饮、桑拿休闲、游泳健身、会务会展、婚宴礼仪、行政办公等于一体的大型综合性五星级酒店。

　　建筑师从环境入手，运用集中与分散相结合的方式将建筑各功能区组织起来，使得餐饮、住宿、休闲、洗浴、游泳、健身各分区既相对独立，又有一定的联系，从而为住宿客人提供便捷、周到的服务。

　　建筑造型上追求简洁大气的建筑形象，强化建筑的体量感。主楼整体造型犹如打开的书卷，雄伟壮观、线条流畅、气势磅礴。

 中国建筑西南设计研究院有限公司
CHINA SOUTHWEST ARCHITECTURAL DESIGN AND RESEARCH INSTITUTE CORP. L

孙浩

出生年月： 1975年02月
职　　务： 设计二院总建筑师
职　　称： 高级建筑师/国家一级注册建筑师

教育背景
1993年—1998年　重庆建筑大学/建筑学学士

工作经历
1998年至今　中国建筑西南设计研究院有限公司

主要设计作品和参与项目

2001年	重庆袁家岗体育中心游泳跳水馆（参与）	荣获：2006年全国优秀工程勘察设计奖铜质奖
2002年	重庆袁家岗体育中心体育场（参与）	荣获：2006年全国优秀工程勘察设计奖金质奖
2005年	青岛游泳跳水馆方案	
2007年	昆明星耀体育运动城体育场馆	荣获：2009年全国优秀工程勘察设计行业奖建筑工程二等奖
2008年	常州市体育会展中心（参与）	荣获：2010年全国优秀工程设计金奖
2009年	马拉博国际会议中心（参与）	
2010年	金融后台服务中心	
2011年	资阳九曲河商业街	
	广州博物馆方案（参与）	
	成都电力生产调度基地A楼（参与）	
2012年	郭沫若故居博物馆及文化苑（参与）	
2013年	四川省非物质文化遗产保护中心	

ARCHITECT

CSWADI

地址：**成都天府大道北段866号**
电话：**028-62550203 / 62550205**
传真：**028-62550200**
网址：**www.xnjz.com**
电子邮箱：**xnyjg@vip.163.com**

中国建筑西南设计研究院有限公司始建于1950年，是中国同行业中成立时间最早的大型甲级建筑设计院之一，隶属世界500强企业中国建筑工程总公司。建院60多年来，我院设计完成了近万项工程设计任务，项目遍及我国各省、自治区、市及全球10多个国家和地区，是我国拥有独立涉外经营权并参与众多国外设计任务的大型建筑设计院之一。2004年以来连续被亚洲建筑师协会评为"中国十大建筑设计公司"并获得"全国工程勘察设计百强"企业的称号。

目前，全院及下属全资及控股公司共有员工2 700余人，其中设计主业员工1 400余人，教授级高级建筑师、教授级高级工程师58人，高级建筑师、高级工程师450余人，国家一级注册建筑师、一级注册结构工程师、注册公用设备工程师、注册电气工程师、注册造价工程师、注册城市规划师、注册咨询工程师等300余人。多年来，西南院共培养出中国工程勘察设计大师4人、国家有突出贡献中青年专家1人、建设部有突出贡献中青年专家2人、四川省学术和技术带头人4人、四川省有突出贡献专家3人、享受政府特殊津贴24人、四川省工程设计大师20人。

作为中西部最大的建筑设计院和国家基本建设的重要国有骨干企业，我院以"精心设计、服务社会"为己任，坚持以繁荣建筑创作为宗旨，不断完善创新设计理念，力创建筑设计精品，在工程设计和科研方面获国家级、部级和省级以上优秀奖600余项，并取得了国家优秀设计金质奖5项、银质奖4项、铜质奖5项的创优佳绩。经过60多年的设计耕耘，我院在博览文化建筑、体育建筑、医疗建筑、教育建筑、旅游建筑、居住建筑以及空间结构等设计领域具有了独特的设计优势，而严格、规范的ISO 9001质量体系认证管理更使我院的设计质量为业界广泛认同。

在加强生产经营、科技创新和内部管理工作的同时，我院认真做好企业党建工作和企业文化建设的各项工作。多年来，我院在改革发展中相继获得建设部全国工程建设管理先进单位、精神文明建设先进单位、全国优秀勘察设计院、四川省先进单位、2008年抗震救灾先进集体、中国最具品牌价值设计机构、四川省勘察设计行业企业文化建设先进单位等荣誉称号。

"十二五"期间，我院将在中建总公司的领导下，紧紧围绕"一最两跨、科学发展"的战略，坚持"品质保障、价值创造"的发展理念，按照"专业化、区域化、标准化、信息化、国际化"的发展策略，落实院"科学发展、品质一流"的战略目标，按照"设计精品、成就员工、服务社会、报效国家"的发展使命，弘扬"人本文化"的精神和"诚信务实、创新超越"的核心价值观，不断向"国内发展领先、品质一流、最具竞争力的建筑设计企业"的愿景迈进。

我院的经营范围包括：建筑行业建筑工程、人防工程设计及相应的咨询与技术服务；市政公用行业给水、排水、热力、桥梁、隧道、风景园林等工程设计及相应的咨询与技术服务；智能化建筑系统工程设计及相应的咨询与技术服务；商物粮行业、通信铁塔等工程设计及相应的咨询与技术服务；城市规划设计；城市设计；室内外装饰设计；建筑、公用工程科研试验项目；工程总承包及项目管理；工程监理；境外建筑工程的勘测、咨询、设计和监理项目以及这些项目所需的设备、材料出口，对外派遣上述项目勘测、咨询、设计和监理劳务人员。

KUNMING XINGYAO
SPORTS CITY STADIUM

昆明星耀体育运动城体育场馆

项目业主：昆明星耀体育运动城有限公司
建设地点：云南 昆明
用地面积：108 000平方米
建筑面积：53 555平方米
建筑功能：大型体育场馆
设计时间：2005年
项目状态：建成
设计团队：黎佗芬、孙浩、刘宜丰、黎晓、吕岩、叶凌、革飞、李勤、乔辉、
刘亚伟、赵广坡、金蓓、陈平友、李肇华、倪先茂
获奖情况：2008年四川省优秀工程设计一等奖
2009年全国优秀工程勘察设计行业奖建筑工程二等奖

　　体育场馆结合体育场和网球中心等多功能的设计，节省了用地，设施共
用、资源共享，减少了投资，造型大气磅礴，具有许多优点，最主要的是实现
了多功能的赛后使用，让体育公共建筑更好地服务大众。
　　多功能是本案强调的重点，为此合理地设置活动及升降看台，走道、功能
房的布置使场地可承接比赛、表演、马戏、会议等多种活动。馆内利用剩余的
空间设置了多种经营项目，有效地提高了利用率。体育馆、体育场、训练馆及
健身中心、篮球馆的结合，整合了大型空间，使之具有承接大规模会展的可能
性。功能造型上彼此共享。另外，昆明具有高原气候的特点——风大，对体育
场的竞技比赛有影响，因此将网球训练馆布置在南北两侧，客观上起到挡风的
作用，改善了竞技条件。

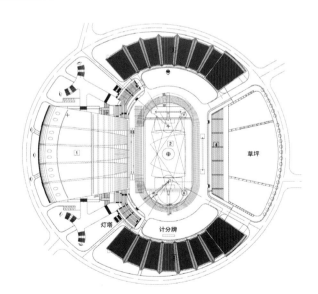

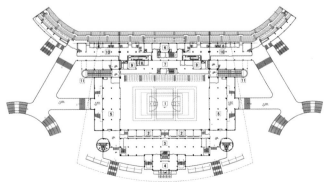

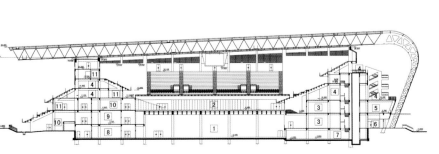

SICHUAN INTANGIBLE CULTURAL HERITAGE PROTECTION CENTER

四川省非物质文化遗产保护中心

项目业主：四川省文化厅
建设地点：四川 成都
用地面积：6 696平方米
建筑面积：9 800平方米
建筑功能：展览、办公
设计时间：2011年
项目状态：建成
设计团队：孙浩、蒋明伟、刘宜丰、杨畅、张晓未、李永宝

　　建筑形体抽象为倒锥形的"陶罐"，采用上大下小的出挑形式，具有一定的视觉冲击力。带形体量的错动方式，既避免了主体体量的单一感，利用主、次两组体量的相互穿插渗透创造了空间趣味性，又为平面及内庭的布置创造了良好条件，做到了功能与造型的统一，也使结构布置更加合理。

　　建筑采用了下沉天井，灵活设置的庭院、廊桥、晒坝等传统建筑空间元素，赋予建筑丰富的空间趣味性，并增强建筑的人文色彩，体现非物质文化遗产的内涵。

　　根据建筑功能及造型特点，在建筑局部设置8米悬挑结构。设计上采用型钢混凝土梁，并结合直腹杆型钢封边桁架体系，提高其整体性，确保了悬挑构件的安全性。

FINANCIAL BACKGROUND SERVICE CENTER

金融后台服务中心

项目业主：成都金控置业有限公司
建设地点：四川 成都
用地面积：108 000平方米
建筑面积：227 976平方米
建筑功能：办公
设计时间：2010年
设计团队：孙浩、欧鹏、王永、朱健、宋良聃、张晓未、程涛、唐剑、李成农、
张喆、黄捷、杨畅、耿创

本方案为围合式布局，东南侧的行列式板楼与西北侧的"L"形高层围合形成中心庭院，中心庭院通过行列式板楼之间的空间与用地东侧的城市绿地沟通互动，构成园林式、景观化的工作环境。错动的板楼在空间序列上形成和谐的韵律感与节奏感，赢得了最大化的景观视野，延续了完整的城市界面。

为了让楼内的办公人员更多地享受和接触室外景观、阳光、空气，办公楼被设计成由若干"盒子"错动构成的体量，由此，大量楼层获得了室外平台。在这个更靠近办公桌的场所，新鲜的空气、婆娑的绿树与人们辛劳后的懒腰、哈欠及片刻的休憩一起融入和煦的暖阳里。

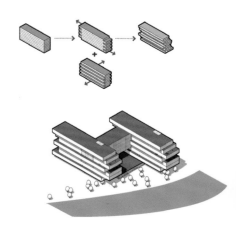

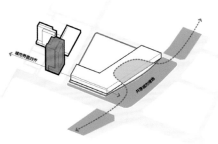
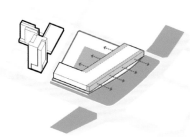
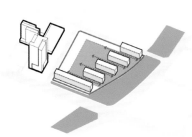
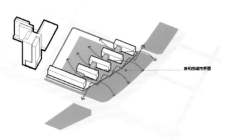

123

ZIYANG JIUQU RIVER COMMERCIAL STREET

资阳九曲河商业街

项目业主：资阳市政府
建设地点：四川 资阳
用地面积：834 703平方米
建筑面积：51 729平方米
建筑功能：商业、博览
设计时间：2011年
设计团队：孙浩、朱箭、兰觅、梁敏、巫翔、李
　　　　　路、罗刚、蒲庆丰、张恒业、梁岩、
　　　　　苟润泽、刘琳娜、边巴次仁

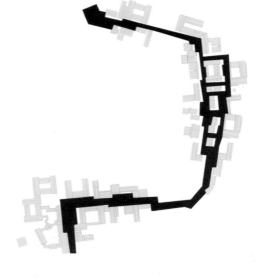

　　项目整体分为两个区域：一是沿河道的九曲
河生态资阳段滨水景观区，二是在河道西侧丘陵
地带打造的集公共、休闲、商业于一体的"九曲
老街"区域。九曲老街依山而建，结合地形通过
建筑组团式布局构建空间的开合，将自然景观引
入街道之中。
　　建筑布局上秉承上位规划的思路，结合地
形、防洪水位及两条高压走廊的影响，大体位于
拆迁村落的原址上，共分为3个组团，并对山体呈
环抱之势，空间架构秉承由街到巷再入院进间的
递进关系，从公共到私密逐渐过渡，层次丰富。
建筑形制由并排连接的店铺和有高差内庭的合院
共同组成。九曲老街建筑以现代建筑基本构成方
式作为骨架，采用砖、石、竹、木等原生态材
料，并融入了院落、穿斗、坡屋顶等民居文化元
素。对从整体到细节的多个层面进行把控，打造
精美的建筑群落。

孙晓强

职务：建筑院院长
职称：教授级高级建筑师/国家一级注册建筑师

教育背景
1989年—1993年　西安建筑科技大学/建筑学/学士

工作经历
1993年—1998年　西北综合勘察设计研究院
1998年—2008年　西北综合勘察设计研究院
2008年至今　　　西北综合勘察设计研究院

个人荣誉
陕西省优秀建筑勘察设计师

主要设计作品
经发集团泾渭国际学校
荣获：2005年陕西省优秀工程设计三等奖
格尔木将军博物馆
荣获：2006年陕西省优秀工程设计三等奖
榆林亿都大酒店
西安高新国际橡树街区
安康市人大政协办公楼
西飞高层住宅区设计
经发集团泾渭国际学校
陕西省质检大厦

吴国波

职务：副总工程师/总建筑师
职称：国家一级注册建筑师

教育背景
1993年—1998年　西安交通大学/建筑学/学士

工作经历
1998年—2007年　陕西省纺织建筑设计研究院
2007年—2010年　中铁十一局设计研究院
2010年至今　　　西北综合勘察设计研究院

主要设计作品
宝鸡文理学院新校区规划
荣获：2003年陕西省优秀城市规划设计二等奖
西部绒业（集团）厂区规划及主厂房项目
荣获：2003年全国纺织行业优秀设计二等奖
西北农林科技大学图书馆、师生食堂
荣获：陕西省第十二次优秀工程设计三等奖
西安华南城综合交易展示中心一号馆
荣获：陕西省第十七次优秀工程设计三等奖
中国西部国际商贸城一期商业交易广场
兰州北龙口商业交易中心（板材用品市场、酒店用品市场）
赣州毅德商贸物流园
西安东大街安同国际生活城
宝鸡三迪家居广场
咸阳秦楚汽博城
陕西理工学院图书馆
陕西师范大学新校区图书馆

李运军

职务：院长助理/副总工程师
职称：国家一级注册建筑师/国家注册规划师/高级规划师

教育背景
1987年—1991年　西北农业大学（现西北农林科技大学）/农
　　　　　　　　业建筑与环境工程/学士

工作经历
1991年—1992年　西北农业大学（现西北农林科技大学）
1992年—2004年　河南三泰建筑设计有限公司
2004年至今　　　西北综合勘察设计研究院

主要设计作品
华山世知大酒店
瑞源国际商业中心
东城府邸
金磊中央城

建筑思想
　　以人性化、个性化、现代化为宗旨创造城市景观，以简洁、明快、富有时代气息的形象打造标志性建筑，以现代、国际、生态、宜商宜居为理念创造有价值的城市空间。

孙小虎

职务：建筑院副总建筑师/建筑工作室主任
职称：国家一级注册建筑师

教育背景
1995年—2000年　西安建筑科技大学/建筑学/学士

工作经历
2000年—2001年　西安市建筑设计研究院
2001年至今　　　西北综合勘察设计研究院

主要设计作品
飞豹科技大厦
荣获：陕西省第十七次优秀工程设计二等奖
颐和盛世住宅小区
董家花苑
白水县城市博物馆方案设计
金陵广场

 西北综合勘察设计研究院

　　西北综合勘察设计研究院始建于1952年，是西北地区建设领域成立最早、规模最大的以工程勘察、建筑设计、城乡规划、市政设计、基础施工、检测、测量为主的综合性甲级勘察设计咨询科研单位，是商务部"首批对外援助成套项目工程勘察骨干企业"。

　　研究院现有员工800余名，以国家工程勘察设计大师、专家、教授级高工为首的各类专业技术人员占90%以上，其中国家工程勘察设计大师2名、国家和省有突出贡献专家5名、享受政府特殊津贴专家6名、省优秀勘察设计师11名、教授级高工30余名、高级工程师100余名、各类国家注册工程师160余名；拥有各类资质29项，其中甲级和壹级资质20项。

　　60多年来，院承担国防和各类工业与民用建筑工程30 000余项，其中国家重点工程近300项，有200多项工程分别获国家级、部级和省级优秀工程奖，30余项科研成果获国家级、部级和省级科技进步奖。我院设计专业下设十个专业所和总工办，并设有钢结构研究所、建筑工作室。以注册建筑师、注册结构工程师和高级工程师为首的技术人员占现有职工的85%以上，能承担各种工业与民用建筑设计、钢结构设计。多年来，设计专业完成各类项目近万项，获得了多个省级奖项。在做大做强的方针指导下，我院得到了客户、专家及社会各界人士的一致好评。

地　　址：陕西省西安市莲湖区习武园9号
办公室：029-87321343
生产部：029-87317274
传　　真：029-87315401
网　　址：www.xbzk.com
电子邮箱：zgb@xbzk.com

KINGFAR GROUP JINGWEI INTERNATIONAL SCHOOL

经发集团泾渭国际学校

项目业主：西安经发集团有限责任公司
建设地点：陕西 西安
建筑功能：学校
用地面积：66 600平方米
建筑面积：39 450平方米
设计时间：2004年
项目状态：建成
设计单位：西北综合勘察设计研究院
主创设计：孙晓强、徐慧
获奖情况：2005年陕西省优秀工程设计三等奖

　　在设计中针对北方中学学校设计，结合中学生行为及学习特点，在适应当地气候的条件下，在建筑设计中提出一些新的想法及看法，力图创造出一个健康、宜人的室内外环境，以期解决当前本地域中学校园设计在当地气候条件下的一些弊端，从而更好地满足学生成长和交流的需要。中厅的设计形成了局部的共享空间，为学生进行课间交流提供了新的场所。

QINCHU INTERNATIONAL AUTO TOWN

秦楚国际汽博城

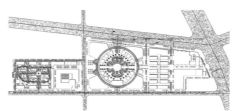

项目业主：陕西秦楚房地产开发有限公司
建设地点：陕西 咸阳
建筑功能：汽车商贸物流园核心服务区
用地面积：199 800平方米
建筑面积：500 000平方米
设计时间：2011年
项目状态：建成
设计单位：西北综合勘察设计研究院
主创设计：吴国波、张吴浩、杨波、严石

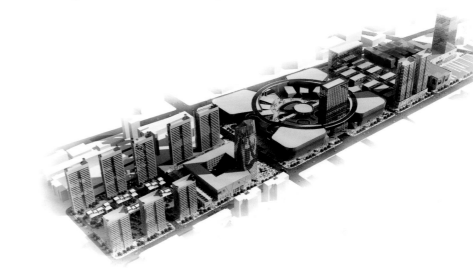

　　园区规划为"两轴、两心、六区"，定位为汽车销售展示、物流配送、商务会展，建成后将成为以咸阳、西安为主，辐射西北的区域性汽车服务基地。

　　秦楚国际汽博城是咸阳汽车商贸物流园的核心动脉，也是咸阳市"十二五"规划重点项目之一，依托"会展""赛事""车模"三大特有汽车文化经济和"六大功能板块"，必将引爆6 400亩（约4 266 666.67平方米）咸阳汽车商贸物流园，成为大西安副商业中心。

CHINA SOUTH CITY NO.1 HALL OF INTEGRATED TRADING EXHIBITION CENTER, XI'AN

西安华南城综合交易展示中心一号馆

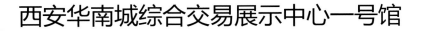

项目业主：西安华南城有限公司
建设地点：陕西 西安
建筑功能：商业展示
用地面积：100 000平方米
建筑面积：485 000平方米
设计时间：2011年
项目状态：建成
设计单位：西北综合勘察设计研究院
合作单位：深圳市金石建筑设计有限公司
主创设计：吴国波、姚菁菁
获奖情况：2013年陕西省优秀工程设计三等奖

现代感十足的商业立面，外部采用弧形流线形体设计，二层以上采用彩色玻璃幕墙，凹凸不平的波纹线，远观宛如海洋波纹（商品展示海洋），成为一道亮丽的风景线。

建筑南北宽120米，东西长590米，采用"鱼骨形" 平面布局，南北向为主轴线，东西为次轴线，形成一个清晰、主次分明的人流动线，使平面上的每个展示商铺都处于明确的指向下。

HUASHAN SHIZHI HOTEL

华山世知大酒店

项目业主：华阴市华山世知置业有限公司
建设地点：陕西 华山
建筑功能：集休闲、度假、养生、会议、娱乐于一体的五星级产权式酒店
用地面积：146 520平方米
建筑面积：136 000平方米（其中酒店建筑面积87 000平方米）
设计时间：2010年
项目状态：40套别墅（豪华客房）于2013年竣工，其余部分在建
设计单位：西北综合勘察设计研究院
主创设计：李运军、胡爱丽、李庆军、陈善春

项目规划主动与现状环境相呼应，依形就势，因地制宜展开规划设计。酒店式客房区的规划设计体现了华山风情；同时周边配以借鉴了传统村落亲切空间尺度的豪华客房区，总体规划结构形成北高南低、西北东环抱中部南部"盆地"的有机格局。

7层的酒店区建筑绵延起伏，与山体呼应对话，大片豪华客房错落有致，在四周环抱的氛围下，犹如中央的"山谷盆地"。同时，多采用本地天然的建材，经营可持续发展的循环水环境，展现四季色彩分明的园林植被。

FEIBAO TECHNOLOGY BUILDING

飞豹科技大厦

项目业主：西安飞豹科技有限责任公司
建设地点：陕西 西安
建筑功能：检测、办公
建筑面积：12 500平方米
设计时间：2010年
项目状态：建成
设计单位：西北综合勘察设计研究院
主创设计：孙小虎、徐慧
获奖情况：2013年陕西省优秀工程设计二
等奖

方案立足于对现代办公空间环境需求的思考，积极改善办公空间的布局方式，以中庭组织空间。通过对平面的调整、公共空间的巧妙设置、外立面综合遮阳的考虑，完善整个概念系统。利用地域自然气候特征，结合建筑本体外观特点，利用低技术生态手段，形成建筑内良好的自然通风，改善室内工作环境，获得较好的使用感受和经济效果。

深圳市建筑设计研究总院有限公司
Shenzhen General Institute of Architectural Design and Research Co., Ltd.

唐大为

职务：深圳市建筑设计研究总院有限公司/孟建民建筑研究所研究中心/主任

教育背景
1997年—2002年　沈阳建筑大学/建筑系/学士
2002年—2005年　东南大学/建筑系/硕士

工作经历
2005年至今　深圳市建筑设计研究总院有限公司

学术研究成果
2006年04月　哈迪德的建筑思想与手法　　　　　《建筑师》
2006年09月　合肥学院南校区图书馆　　　　　　《城市建筑》
2007年01月　深圳市社会养老建筑研究　　　　　《建筑学报》
2007年03月　东南大学的西式建筑研究　　　　　《城市建筑》
2007年06月　哈迪德与解构主义者之比较分析　　《世界建筑》

个人荣誉
2013年深圳市勘察设计行业协会/十佳青年建筑师
2009年深圳市建筑设计研究总院有限公司/十佳青年建筑师

获奖情况
2013年　新疆大剧院　　　　　　　荣获：世界华人建筑师协会设计奖
2013年　新疆大剧院　　　　　　　荣获：创新杯BIM大赛建筑设计和绿色分析奖
2005年　中国科学技术馆（方案）　荣获：广东省建筑创作奖

主要设计作品
规划设计类
合肥市安福国际广场城市设计　　　　九江庐城文化商贸港城市设计
西柏坡干部学院修建性详细规划　　　东莞市寮步文阁商务区城市设计
中石油天津团波洼基地总体规划　　　合肥市西区城市副中心城市设计
东莞市寮步深业科技名称城市设计

建筑设计类
新疆大剧院　　　　　　　　　西夏博物馆
合肥创新大厦　　　　　　　　中国科学技术馆
辛亥革命纪念杯　　　　　　　聊城市民文化中心
中信银行大厦（深圳）　　　　西安中亚贸易区主场馆
中登·苏陕国际金融中心　　　都江堰CBD总体方案设计
增城歌剧院建筑方案设计　　　增城市少年宫建筑方案设计
唐山市民中心规划建筑设计　　中国农业银行客服中心（合肥）
深圳当代艺术馆与城市规划展览馆　　蚌埠市音乐厅、歌剧院规划建筑设计
大庆市城市规划展示馆与档案管理中心　郑州市郑东新区CBD副中心地区金融办公楼

地址：深圳市福田区振华路8号设计大厦520室
电话：0755-83788058
传真：0755-83786609
网址：www.sadi.com.cn
电子邮箱：uarc_tdw@126.com

深圳市建筑设计研究总院有限公司成立于1982年，是全国第一批通过ISO 9001质量管理体系认证的综合甲级设计院。现有员工2 000余人，下设第一、二、三分公司、城市建筑与环境设计研究院、城市规划设计院、装饰设计研究院、筑塬院、博森院、城誉院及直属设计部所，驻外机构有重庆分公司、武汉分公司、北京分公司、合肥分公司、成都分公司、西安分公司、昆明分公司、海南分公司及东莞分公司。现已完成国内外建筑工程项目3 400余项，100多个项目荣获国家、省、市优秀工程设计奖。公司总建筑师孟建民为全国勘察设计大师。孟建民建筑研究所隶属深圳市建筑设计研究总院有限公司，为总院的主要创作团队，由中国建筑设计大师孟建民亲自领导，是一个坚持学术研究的实践性建筑设计团队，其设计范围包括文化建筑、办公建筑、医疗建筑、交通建筑、体育建筑、商业建筑、居住建筑及城市设计。目前设有创作中心、研究中心、建筑工作室三个部门。

MAIN STADIUM OF CHANBA CENTRAL ASIAN TRADE AREA, XI'AN

西安浐灞中亚贸易区主场馆

项目业主：西安市城乡规划局
建设地点：陕西 西安
建筑功能：文化建筑
用地面积：105 968平方米
建筑面积：333 260平方米
建筑密度：26.3%
容 积 率：0.21
绿 化 率：30.1%
建筑高度：56.7米
停 车 位：307个
设计时间：2009年04月
设计单位：深圳市建筑设计研究总院有限公司/孟建民建
　　　　　筑研究中心
主创设计：唐大为
参与设计：尹明

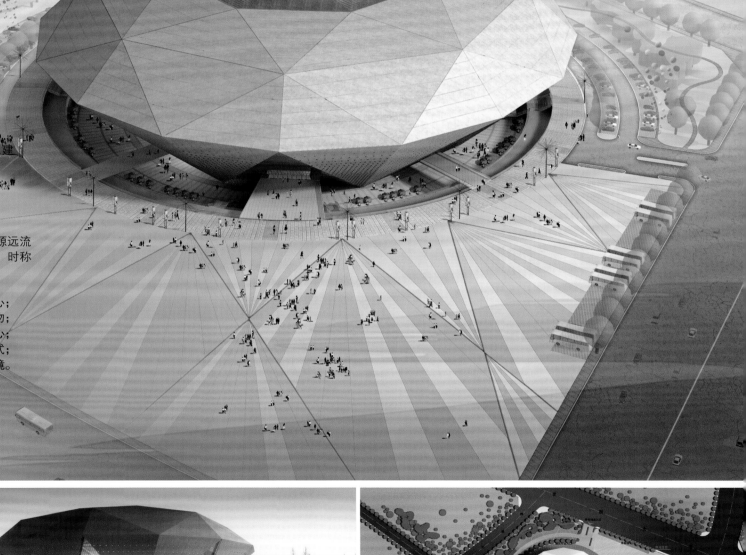

　　西安又名长安，是世界四大文明古都之一，历史源远流
长。浐河、灞河是"八水绕长安"中著名的"二水"，时称
"玄灞素浐"，名噪一时。
　　设计目标：
　　（1）打造西安乃至中国西部地区的国际化会展中心；
　　（2）塑造浐灞生态区内、灞河沿线的地标性建筑物；
　　（3）建造贸易会展为主、会议配套为辅的会展中心；
　　（4）率先创造综合多元、集约高效的土地利用模式；
　　（5）充分利用大水与大绿资源营造生态化商务环境。

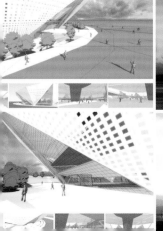

XINJIANG GRAND THEATRE

新疆大剧院

项目业主：新疆昌吉西域国际文化旅游产业园开发有限公司
建设地点：新疆 昌吉
建筑功能：文化建筑
用地面积：110 810平方米
建筑面积：69 531平方米
容 积 率：0.627
设计时间：2012年09月
项目状态：在建
设计单位：深圳市建筑设计研究总院有限公司/孟建民建筑研究中心、北京分院
主创设计：孟建民、唐大为
参与设计：李练英、韩纪升
获奖情况：2013年荣获世界华人建筑师协会设计奖
　　　　　2013年荣获创新杯BIM大赛建筑设计和绿色分析奖

新疆大剧院方案以新疆的"仙物"天山雪莲的形象为原型，通过抽象与创新的设计，形成里外层套的伊斯兰建筑穹窿顶造型的主体形象，是伊斯兰建筑风格的创新表达。

主体建筑坐落在平缓的台基上，神似一朵天山脚下含苞欲放的雪莲花，象征着圣洁、吉祥如意。大剧院外饰面通过黄褐色金属光泽的材质表达出轻盈、时尚的品质，内核金色砖纹肌理表达出浓烈的新疆文化特征。

大剧院主体建筑用拱券、长廊、漏窗等民族地域特色元素加以点缀，形成天圆地方的中心对称构图，成为"印象西域"国际旅游城的核心地标，创造出全新的现代伊斯兰文化建筑形象，全面提升旅游城的品位与知名度。

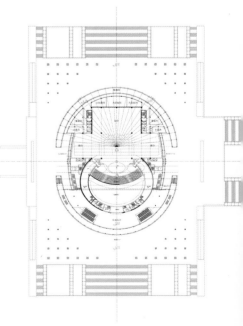

二层平面图

BENGBU CONCERT HALL, OPERA HOUSE

蚌埠市音乐厅、歌剧院

项目业主：蚌埠市城乡规划局　　建设地点：安徽 蚌埠
建筑功能：文化建筑　　　　　　用地面积：115 600平方米
建筑面积：49 605平方米　　　　建筑高度：38米
建筑密度：11%　　　　　　　　容 积 率：0.25
设计时间：2012年03月　　　　　设计单位：深圳市建筑设计研究总院有限公司/孟建民建筑研究中心
主创设计：孟建民、唐大为　　　参与设计：白凡、尹明

　　项目的设计概念源自对城市及音乐的深层次解读，建筑师用独到的建筑语言，使设计既融合音乐艺术的灵动，又表达出蚌埠珠城的文化特色。项目建成后将不仅成为该区域的标志性文化建筑，更将成为蚌埠市的城市新地标。

　　这个富有生命力的建筑，让人们在龙子湖畔，找到珠城的一张新的城市名片和展示平台，感受城市对艺术文化品位的无穷追求。同时使得建筑能够与艺术精神达成某种共鸣，并影响置身其内外的每个人的每一天，促使其发觉心灵对音乐艺术的向往。

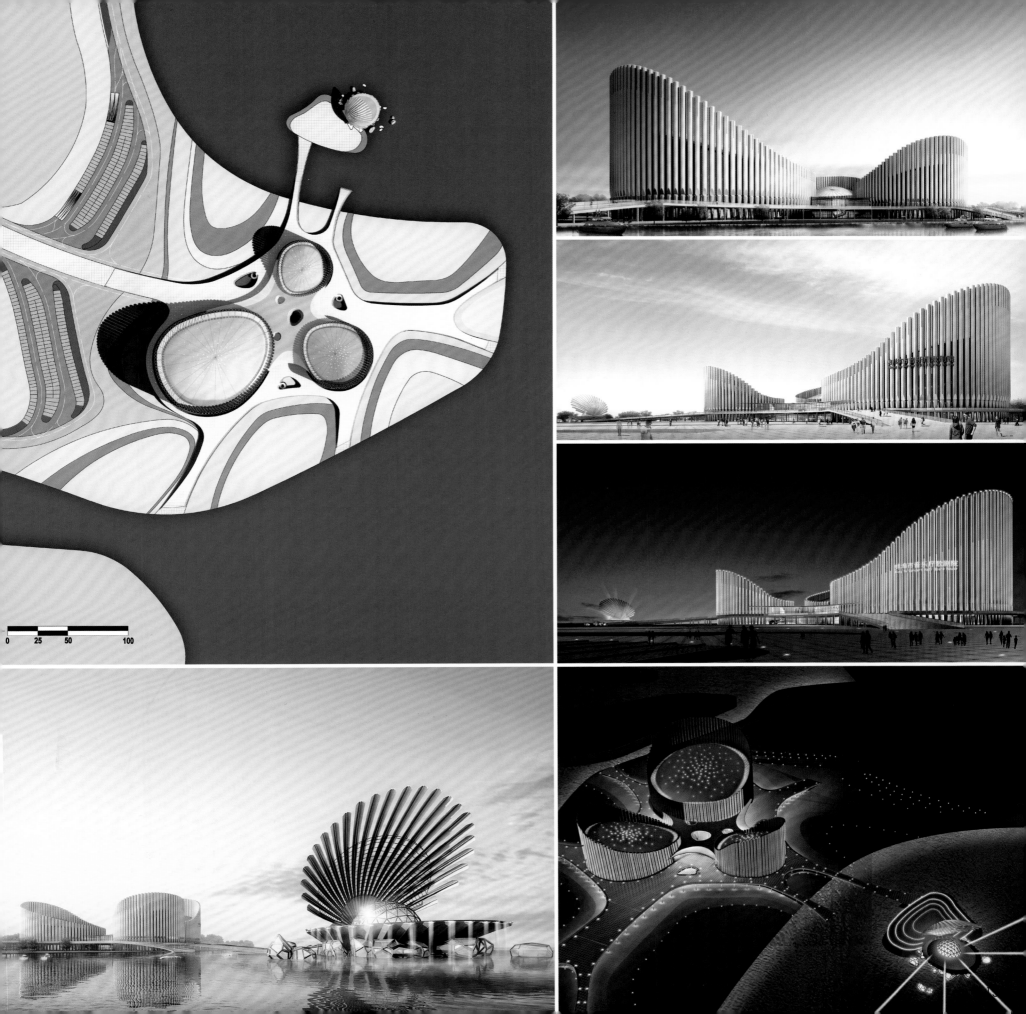

DAQING CITY PLANNING EXHIBITION AND FILE MANAGEMENT CENTER

大庆市城市规划展示档案管理中心

项目业主：大庆市城乡规划局　　建设地点：黑龙江 大庆
建筑功能：文化建筑　　　　　　用地面积：40 390平方米
建筑面积：58 336平方米　　　　建筑高度：24米
建筑密度：21%　　　　　　　　容 积 率：1.44
绿 化 率：35.7%　　　　　　　建筑层数：6层
设计时间：2008年05月　　　　　项目状态：建成
设计单位：深圳市建筑设计研究总院有限公司/孟建民建筑研究中心
主创设计：孟建民、唐大为
参与设计：白凡、尹明

　　项目由规划展示馆、档案馆、住房公积金管理中心、规划局、规划设计研究院、城建档案馆和职工食堂等7个主要功能部分组成。通过对功能的梳理与整合，重新划定两大空间类型，即办公空间与公共展示空间。因此建筑形式脱离了零散功能需求的束缚，从而转向形式与空间的对话。

　　建筑师本着"生态、科技、亲切、国际"的设计原则，将城市规划展示与档案存放、查阅等功能融入具有地标性的建筑之中，并使其与周边文化建筑群一道，成为大庆市文化发展的中心与原动力。

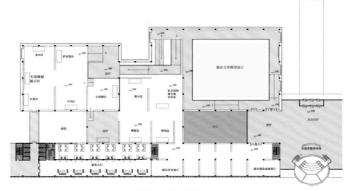

展厅二层平面图

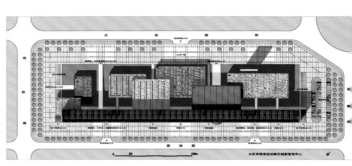

总平面图

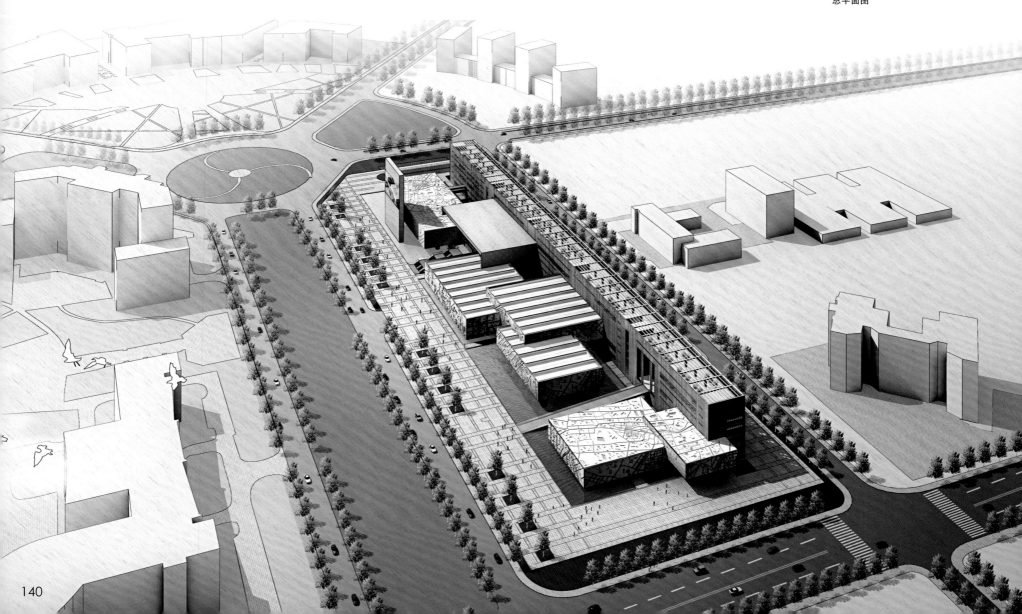

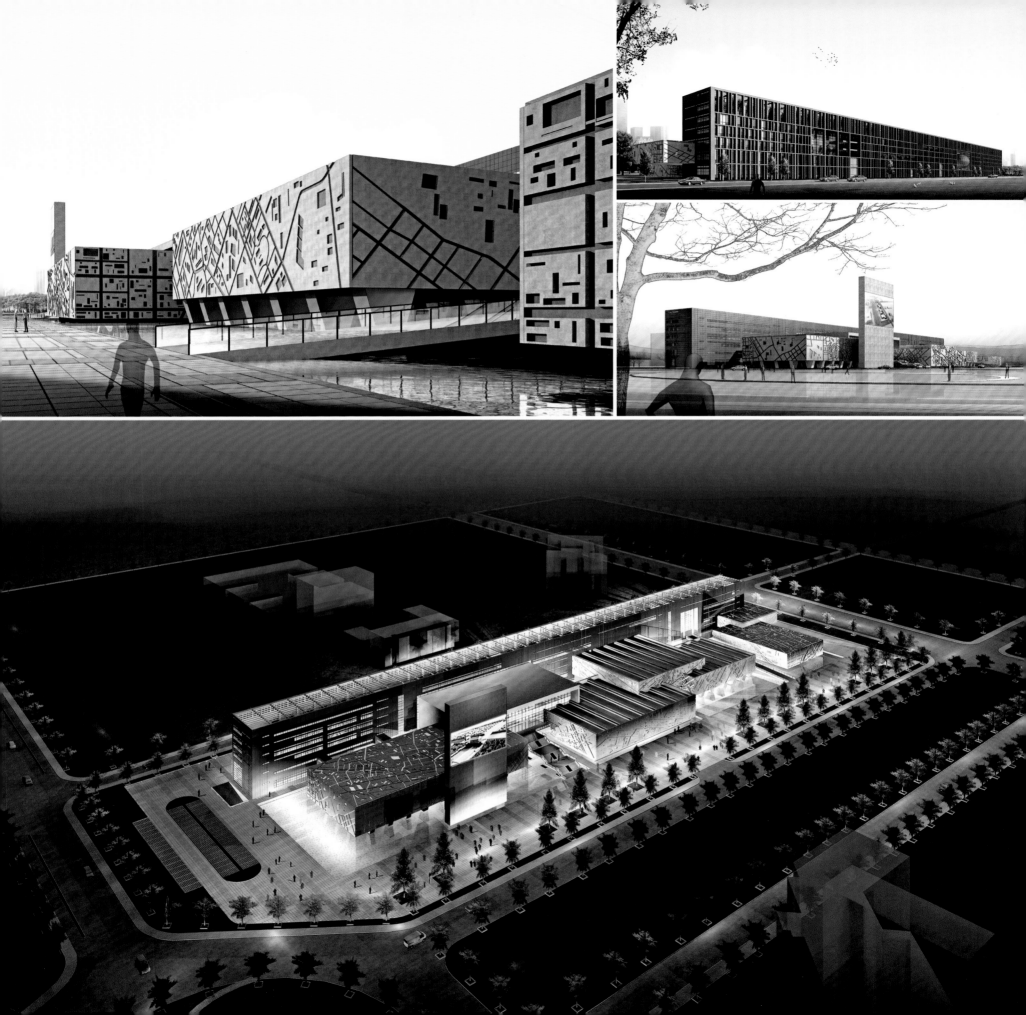

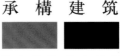

承 構 建 筑

MADE MAKE

唐聘

职务：副总建筑师
职称：高级建筑师

教育背景
石家庄铁道大学/建筑系/建筑学/学士
深圳大学/建筑系/建筑设计及其理论/硕士

工作经历
2006年—2009年　深圳大学建筑设计研究院
2009年至今　　　美国承构建筑师事务所
　　　　　　　　深圳市承构建筑咨询有限公司
　　　　　　　　上海承构建筑设计咨询有限公司

　　唐聘在2009年加入美国承构建筑事务所之前，曾经任职于深圳大学建筑设计研究院7X工作室，在参与一些大型公建项目的同时还连续两年承担深圳大学建筑学专业三年级的设计课程教学工作。
　　2009年开始关注国内的房地产项目并加入深圳承构建筑咨询有限公司，开始参与和主持龙湖地产、招商地产等一线开发商的项目，逐渐学习和运用专业地产开发商的思维和眼光来指导建筑设计实践。2011年初从深圳到上海参与组建上海承构，并成为上海公司的副总建筑师和合伙人之一。
　　唐聘自加入承构建筑以来，主持、参与并建成了20多个国内主流开发商的大型地产项目，涵盖住宅、超高层写字楼及大型商业综合体等不同类型，以其方案设计的创造性思维、对建造的关注与控制及良好的服务意识获得了客户的广泛肯定。这其中的代表作品有2011年建成的重庆龙湖源筑项目和天津响螺湾CBD浙商国泰大厦，2012年建成的成都龙湖时代天街商业综合体、深圳蛇口招商觐海和晋江世茂御龙湾风情商业街，2013年建成的南京世茂君望墅和厦门龙湖嘉天下项目等。

深圳市承构建筑咨询有限公司
地址：广东省深圳市福田区深南大道2008号中国
　　　凤凰大厦1号楼20C
电话：0755-33067800
传真：0755-33067801

上海承构建筑设计咨询有限公司
地址：上海市虹口区四川北路888号海泰国际大厦6F
电话：021-61437001
传真：021-61437021

北京承构建筑设计咨询有限公司
地址：北京市朝阳区工人体育场北路八号院三里
　　　屯SOHO2号楼B座702
电话：010-85270400
传真：010-85270480
网站：www.mademake.com
电子邮箱：work@mademake.com

　　承构建筑成立于2008年，从当初只有30人的设计团队快速成长为拥有将近200名建筑设计师的设计机构，并且从最初设于中国深圳的单一公司衍生出深圳、上海、北京等多家"承构建筑"旗下的设计实体。承构建筑的设计实践包括建筑设计、城市设计、城市规划等相关领域。我们认为建筑实践是一个承接行为。建筑实践与现存的城市地理环境、社会经济条件息息相关。成功的建筑实践不仅满足建筑功能及美学需求，还应根植于市场，解决人与社会的关系问题，并且通过构建新的空间延续城市和文化的整体记忆，提供新的生活体验。
　　承构的设计宗旨：
　　关注市场——在产品设计上注意结合市场和领先市场；
　　关注客户——保证与客户的密切配合和沟通；
　　关注空间——与建筑设计市场上只关心建筑外形相对应，我们还对每一个建筑作品的内外空间倾注精力，设计有内在灵魂的建筑作品；
　　关注建造——在设计阶段就注重建筑所在地的技术及材料条件，避免设计上的浮夸和不切实际，在施工阶段密切配合客户，全面保证质量。
　　在此建筑理念的指导下，承构建筑的设计作品已经涵盖全中国23个省市，设计完成的建筑面积超过千万平方米，建筑类型涉及商业办公综合体、居住建筑、教育建筑、文化建筑、城市设计等。承构建筑所服务的客户包括香港置地、万科地产、龙湖地产、华润置地、金地地产、保利地产、招商地产、香港路劲、创维集团、远洋地产、五矿地产、奥林匹克地产、佳兆业集团等国内外优秀地产开发企业。在与客户的共同努力下，承构建筑完成了许多兼具学术价值和市场口碑的建筑作品，先后获得多次国内最高建筑奖项——詹天佑建筑设计大奖及多次省市级建筑奖项，并取得多项国家实用新型设计自主知识产权。

LONGFOR YUANZHU

龙湖源筑

项目业主：重庆龙湖地产发展有限公司
建设地点：重庆
建筑功能：住宅及商业综合体
用地面积：86 500平方米
建筑面积：500 000平方米
容 积 率：4.5
设计时间：2009年
项目状态：建成
合作单位：重庆源道建筑规划设计有限公司
设计单位：深圳市承构建筑咨询有限公司
设计团队：柴晟、唐聃、张钟方、申小斌、刘晓丹、黄勇、何茹婧

CHENGDU LONGFOR TIMES PARADISE WALK

成都龙湖时代天街

项目业主：成都龙湖锦鸿置业有限公司
建设地点：四川 成都
建筑功能：商业综合体
用地面积：305 674平方米
建筑面积：1 890 000平方米
容 积 率：4.0
设计时间：2011年
项目状态：建成
合作单位：成都基准方中建筑事务所
设计团队：柴晟、唐聃、黄珏磊、高逸嘉、周耀、颜能、
郑轩轻、李建铭、戚飞、金红

　　龙湖时代天街是一个规模达189万平方米的郊区商业综合体大盘，位于成都主城区内唯一一个集中央居住区、中央教育区、国家保税区于一体的城市核心区——高新西区。项目占据了高新西区稀缺的大型商业用地，覆盖成都西面至郫县的各层次多种类消费需求，坐拥成都西面和郫县各大住区组团住宅人群、成都规模最大的大学城以及成都唯一的综合保税区总计将近200万的消费人口资源。

　　第一，基于我们对项目周边城市资源的分析和业态组合定位的清晰梳理，开路引商、立体交通的总体规划很好地平衡了建筑创意与商业运营可行性之间的关系，也最大化地挖掘了用地价值；第二，对于规划重点之一的情景商业街，我们提出了"空中宽窄巷子"的概念，给客户提供了一个有个性主题的体验空间方案，商业动线序列的故事性很强，这意味着在成都商业综合体项目百花齐放的市场环境下，依旧可以创造有独特吸引力的场所；第三，借鉴在住宅设计上的心得，我们以产品设计的视角来切入商业的总体设计，研发了一个解决2.5容积率，五到六层的销售式商业模块，以标准化的手段实现非标准化的视觉和空间体验，探索出一个快速高效又不失风情的多元立体动线的商业模式。

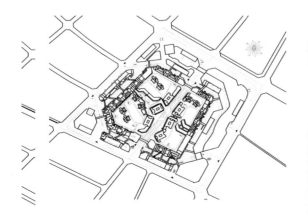

SHIMAO JINJIANG YULONGWAN

晋江世茂御龙湾

项目业主：世茂房地产控股有限公司
建设地点：福建 晋江
建筑功能：商业综合体
用地面积：71 000平方米
建筑面积：393 000平方米
容 积 率：4.45
设计时间：2011年
项目状态：建成
设计单位：上海承构建筑设计咨询有限公司
合作单位：中元（厦门）工程设计研究院
设计团队：柴晟、唐聃、林诚、高逸嘉、肖强、
　　　　　徐新慧、郭晓迪、周耀、金红

项目位于晋江市内最大的人工湖——世茂御龙湾的南岸。业态包含超高层写字楼、住宅、公寓和一条闽南风情的商业街。

总体布局上设计将高层住宅布置到用地东北侧，以获取更开阔的人工湖景观，同时消减了东侧商业用地的进深，提升可达性。用地中部规划了一个环形的维港，作为场地的核心，其西侧为欧式番仔楼和海派风格的西街，东侧引入水系，设计为以本土大厝等民居元素为主的东堤。各条街道将主干道上的人流拉到项目腹地，实现万流归中的设计理念。

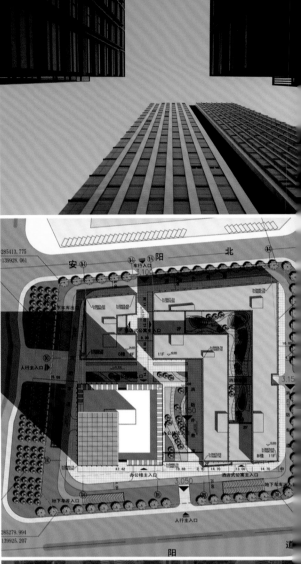

TIANJIN ZHESHANG CATHAY BUILDING

天津浙商国泰大厦

项目业主：浙商控股集团有限公司
建设地点：天津
建筑功能：办公、公寓
用地面积：18 300平方米
建筑面积：160 300平方米
容 积 率：6.9
设计时间：2009年
项目状态：建成
合作单位：天津市房屋鉴定勘测设计院
设计单位：深圳市承构建筑咨询有限公司
设计团队：柴晟、唐聃、乔锴、刘晓丹

项目位于天津市滨海新区响螺湾中心商务区，包含一栋180米的超高层写字楼，两栋"L"形的高层公寓以及一栋多层公寓。塔楼位于用地西南街角，是CBD区域内高层界面的连续节点。根据城市导则及对周边地块的研究，我们在用地内部设置了南面到西面贯通的商业步行街以衔接城市人流交会点，提升了用地的商业价值。

写字楼采用小型分体中央空调系统，立面设计中的凹槽巧妙地结合了这些设备的空间以及避难空间；根据建筑的不同朝向，采用两种单元式的玻璃幕墙，带有竖向遮阳的幕墙使用了最新的仿陶棍遮阳体系，与平板幕墙产生了微妙的对比。在写字楼的顶部设计有三层高的空中会所，可远眺响螺湾海景。高层公寓之间的花园为客户提供了一个闹中取静的休闲绿地。

SHANGHAI SHIMAO SHESHANLI

上海世茂佘山里

项目业主：世茂房地产控股有限公司　　　　建设地点：上海
建筑功能：住宅　　　　　　　　　　　　　用地面积：95 400平方米
建筑面积：158 000平方米　　　　　　　　容 积 率：1.0
设计时间：2012年　　　　　　　　　　　　项目状态：建成
合作单位：上海天华建筑设计有限公司　　　设计单位：上海承构建筑设计咨询有限公司
设计团队：魏壮、唐聃、陈兴、张华、董宁、吴思雯、黄珏磊、李欣、饶静

上海云汉建筑设计事务所有限公司
Shanghai Galaxy Architectural Design & Research Institude

谭东

职务：上海云汉建筑设计事务所有限公司负责人

教育背景
同济大学/建筑与城市规划学院/建筑学/硕士
德国斯图加特大学/建筑系/建筑学/博士

工作经历
1993年—1998年　同济大学建筑与城市规划学院建筑系
1998年—2000年　同济大学建筑与城市规划学院建筑技术教研室
2001年—2006年　德国斯图加特大学建筑系建筑设计与构造技术研究所
2006年—2007年　同济大学建筑设计研究院都市分院
2007年—2014年　上海云汉建筑设计事务所有限公司

主要设计作品

上海市横沙文化馆	淄博市人民检察院综合业务大楼	淄博生态恢复博物馆	淄博银翼橡树玫瑰城居住小区
上海市世华国际广场	淄博市张店区人民检察院综合业务大楼	淄博市百年工业博物馆	淄博颐丰花园居住小区
沈阳智富五洲国际商贸城	淄博市人民银行办公大楼	淄博市工艺美术大师村	淄博鸿曝悦城居住小区
黄山市新南国大酒店改扩建工程	淄博市云计算中心	淄博市中房大厦	淄博盛世颐和园居住小区
江西新余文化馆	淄博市汇美大厦	淄博市金山镇人民政府改扩建工程	惠民温泉风情博览园
青岛市职业教育中心	淄博市创业金融中心	淄博市中心医院全科医师培训中心	淄博淄江花园
青岛市黄岛区全民健身中心	淄博市鑫城中心	滨州市人民医院改扩建工程	文登海韵阳光花园
青岛市黄岛六中	淄博市自来水公司综合业务楼	淄博市火车站综合改造工程	淄博市殡仪馆
青岛市黄岛区看守所	淄博市齐都药业集团办公楼	淄博市福瑞特城市广场	淄博华光路景观桥
青岛市董家口综合商务区	淄博市天乙商务中心	淄博市张店区实验中学	淄博市文化中心东西组团城市设计
中国海军博物馆	淄博尚都科技大厦	中海商家镇中学	烟台栖霞奇石博物馆
济宁市任城区政府	淄博市高科技产业孵化器	淄博市技师学院综合试验楼	

地址：上海市淞沪路303号创智天地广场三期1102室
电话：021-33623936
传真：021-33626289
网站：www.yunhan2006.com
电子邮箱：yunhan2006@126.com

上海云汉建筑设计事务所有限公司是由旅德建筑师创办的事务所型设计企业，具有建筑设计事务所甲级资质。自2006年创办以来，一直致力于当代建筑的设计探索，是现代主义在当代中国的建筑实践者之一。
　　上海云汉的设计任务主要集中在各类公共建筑和城市设计领域，设计任务涵盖了大部分公共建筑类型。上海云汉强调发掘设计过程的内在逻辑，积极推行整体化的设计解决方案，以严谨的逻辑分析、指导设计，并将城市设计、建筑设计、景观设计与室内设计视为完整的设计整体加以对待，为使用者提供最适合的解决方案并获得认可。

ZIBO CLOUD COMPUTING CENTER

淄博云计算中心

项目业主：淄博市房屋建设综合开发公司
建设地点：山东 淄博
建筑面积：70 000平方米
设计时间：2012年
项目状态：在建
设计单位：上海云汉建筑设计事务所有限公司
设计团队：谭东、卢风顺、余林梦

　　设计采用现代的设计手法，整体造型简洁明了。塔楼主要以竖向线条为主，强调塔楼高耸的形象。裙房立面主要采用大面积的实墙，以强调政府建筑稳重的形象。整个建筑的设计手法相互协调，既有现代办公建筑简洁的整体形态特征，又有丰富的细节和多样化的虚实对比关系。

HUIMEI PLAZA

汇美大厦

项目业主：山东汇美置业有限公司
建设地点：山东 淄博
建筑面积：67 000平方米
设计时间：2012年
项目状态：在建
设计单位：上海云汉建筑设计事务所有限公司
设计团队：谭东、卢风顺、周景景

　　汇美大厦整体由两栋弯曲的大楼环抱而成，两楼之间包围着入口大厅和会议部分，其中北楼26层，南楼18层。裙房两层。

　　大厦南北两楼一高一低，形成了有趣的对景。两个圆弧围合出的室外中庭空间加上一圈檐廊使人们在从室外到室内的过程中有一个良好的空间过渡感受。在建筑外立面方面，用更具时代感的玻璃幕墙及竖向细长的深灰色金属格栅百叶勾画出身姿挺拔的建筑形象。

CERAMIC GLAZE ARTS AND CRAFTS CENTER, BOSHAN SHANDONG

山东博山陶瓷琉璃工艺美术大师村

项目业主：淄博博山艺林陶琉有限责任公司
建设地点：山东 淄博
建筑面积：62 600平方米
设计时间：2012年
项目状态：在建
设计单位：上海云汉建筑设计事务所有限公司
设计团队：谭东、陈泾仁、余林梦、黄杰

地块规划用地面积约6.49万平方米，总建筑面积约6.26万平方米，欲发展为淄博市的"陶瓷琉璃工艺美术大师村"艺术基地。本案由美术家个人工作室、陶坊、瓷业公司等单体建筑组成，倚连村中道路分布。

为了将该地块打造成一个专属于大师的世外桃源，设计采用传统与现代"共生"的设计手法，通过当代的建筑语言诠释传统建筑的神韵与气质。

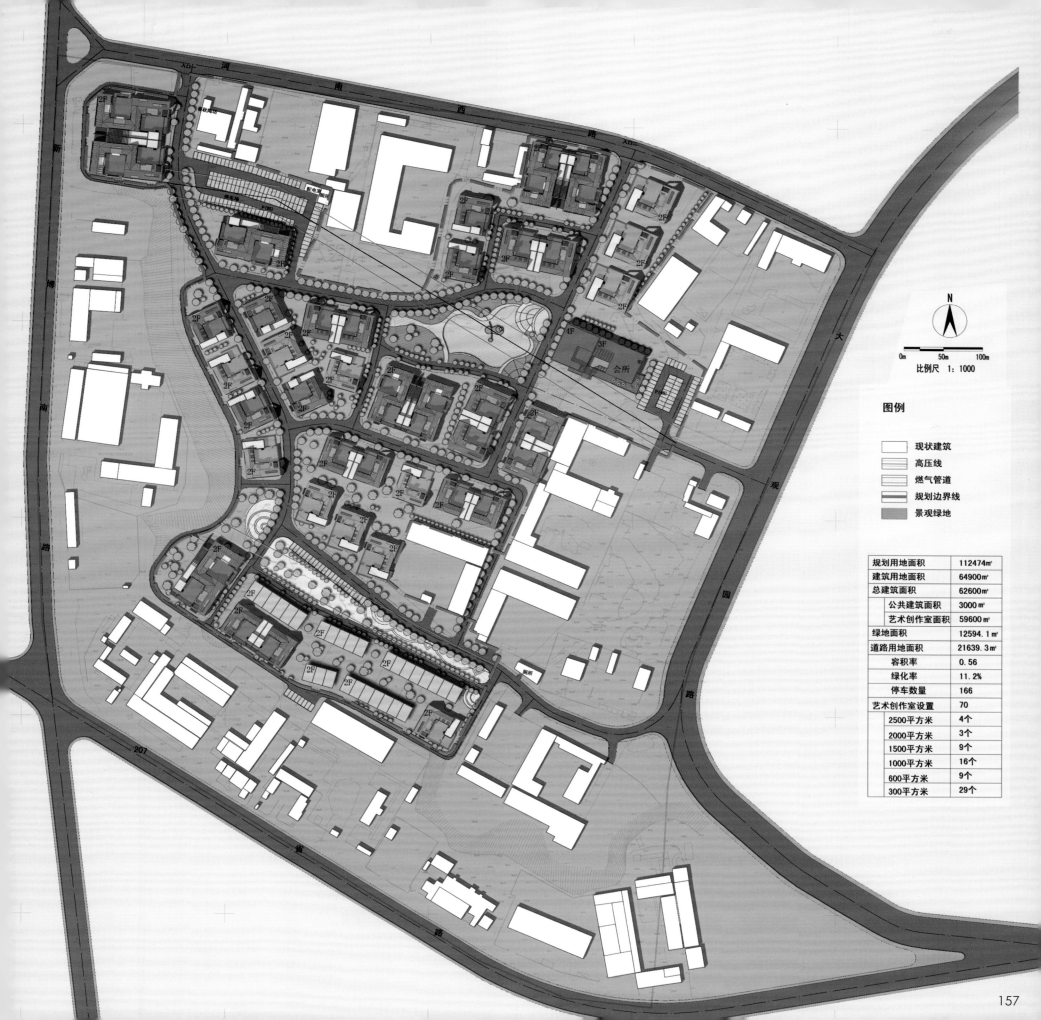

图例

规划用地面积	112474㎡
建筑用地面积	64900㎡
总建筑面积	62600㎡
公共建筑面积	3000㎡
艺术创作室面积	59600㎡
绿地面积	12594.1㎡
道路用地面积	21639.3㎡
容积率	0.56
绿化率	11.2%
停车数量	166
艺术创作室设置	70
2500平方米	4个
2000平方米	3个
1500平方米	9个
1000平方米	16个
600平方米	9个
300平方米	29个

HUAGUANG BRIDGE

华光路桥

项目业主：淄博市规划局
建设地点：山东 淄博
设计时间：2014年
项目状态：设计中
设计单位：上海云汉建筑设计事务所有限公司
设计团队：谭东、陈泾仁、张春夏

　　华光路景观桥位于淄博新区核心地段，连接新老城区的主干道华光路与新区景观水系在这里交会。方案借鉴传统玉龙纹样，取"长龙卧波"的寓意，架设一条500米长的弧形天桥，舒展平缓，联系起道路两侧的景观水系，协调水岸步行系统与城市车流。

　　景观桥本身作为滨水地标，丰富了城市的空间层次，尺度恢宏的弧线桥身围合出一片包含路面、水面以及剧院的特色空间，形成市民休闲聚集的活动区域。

XINCHENG CENTER

鑫城中心

项目业主：淄博张店鑫马房地产开发有限公司
建设地点：山东 淄博
建筑面积：132 000平方米
设计时间：2012年
项目状态：建成
设计单位：上海云汉建筑设计事务所有限公司
设计团队：谭东、卢风顺

　　建筑采用"U"形的组团式布局，一则最大化地产生内庭空间，二则使得城市界面得以完整的表达与含蓄退让。将办公楼A、B双塔作为一个组团，布置在南北轴线的东西侧，形成一个"前门"的效用，与区政府大楼形成一个环抱的姿势，构成一个整体，同时对称式布置又延伸了这一中轴线。办公楼C布置在西段，独立成为一个组团，"U"形的凹口布局以及高度的控制，使其与区检察院形成一个呼应的整体，在建筑形态上又保持含蓄低调的态度。按规划要求，公寓A、B对称布置在地块的中部，"U"形凹口在平面上向内部展开，形成半围合的入口景观广场，以提升公寓入口的空间形象。公寓C、D布置在南端，结合地块形状，最大化布置。商业服务设施布置在建筑底部空间，使得各建筑单体与建筑群体得以统一延续。

 雲南省設計院集团
YUNNAN DESIGN INSTITUTE GROUP

屠兴

出生年月：1970年04月
职　　务：集团副总建筑师
职　　称：高级建筑师/国家一级注册建筑师

教育背景
1989年—1992年　天津大学/建筑系/建筑学/学士

工作经历
1992年至今　云南省设计院集团

主要获奖情况
昆明红塔体育中心	荣获：云南省优秀设计一等奖
昆交会新馆改扩建工程	荣获：云南省优秀设计一等奖
云南省人民政府办公大楼	荣获：云南省优秀设计一等奖
云南大学洋浦校区教学实验楼	荣获：云南省优秀设计二等奖
云南省人民检察院办公大楼	荣获：云南省优秀设计二等奖
博宇软件园及住宅小区	荣获：云南省优秀设计三等奖
曲靖交警指挥中心	荣获：云南省卡瓦格博建筑创作三等奖

主要设计作品
万彩城	浅水湾小区
瑞升科技园	临沧市民主法治园
天津星耀五洲项目	云南省精神病医院
翠湖袁嘉谷故居改造	昆明万科"魅力之城"
云南能源职业技术学院	丘北县人民医院整体迁建
玉溪"山水佳园"住宅小区	昆明大观天下广电文化家园
宣威"鑫御华都"住宅小区	思茅师范高等专科学校新校区
云南大学科技信息产业研发孵化中心	

建筑思想
　　多年的设计工作，强调建筑设计走"科学和人文"相结合的思路，根据不同地域的经济条件，做到建筑文化和科技创新的因地制宜，把实际需求和建筑创作相融合，使完成的设计项目在展现时代发展的同时，也满足和服务于业主和城市，并且，通过建筑师的综合能力控制，真正能够把建筑"此时此地"的内在精神，完美地展现给社会。

陈东

出生年月：1974年05月
职　　务：集团技术委员会委员
职　　称：高级建筑师/国家一级注册建筑师

教育背景
1995年—1999年　广西大学土木工程系/建筑学/学士

工作经历
2000年—2004年　云南怡成博通建筑设计有限公司
2006年至今　　云南省设计院集团

主要设计作品
金坤尚城
上东城住宅小区
天津星耀五洲项目
临沧市民主法治园
临沧市人民检察院
云南省精神病医院
昆明万科"魅力之城"
云南能源职业技术学院
广福小区规划建筑设计
玉溪"山水佳园"住宅小区
丘北县人民医院整体迁建项目
保山市保障性住房建设项目4、5号地块
低碳建筑技术与新型建材研究推广应用基地
昆明市新机场南工作区修建性详规及建筑单体设计
昆明倘甸产业园区暨轿子山旅游开发区倘甸片区城市棚户区改造项目

地址：云南省昆明市西山区拥金路1号
电话：0871-64142994
传真：0871-64141085
网址：www.ydi.cn

云南省设计院集团创建于1951年，是承担民用与工业项目建设的大型综合性设计院，位于昆明市西山区拥金路1号。

全院在职职工1 000人，其中教授级高级职称7人、高级职称135人、中级职称316人、国家级设计大师1名、云南工程勘察设计大师4名、国家级和省级突出贡献专家15名。238名设计师持有国家注册师资格，其中一级注册建筑师34人、一级注册结构工程师58人、注册造价师11人、注册咨询师20人、注册规划师5人、注册公用设备工程师27人、注册电气工程师16人、注册化工工程师3人、注册环境影响评价工程师2人、注册岩土工程师10人、注册监理工程师2人。

集团设有规划、总图、建筑、结构、给排水、电气、工程造价、工程咨询、动力、暖通、自控、建筑物理、建材、制糖、炼草、造纸、制药、储油、环境工程等30余个专业。

KUNMING HONGTA SPORTS CENTER

昆明红塔体育中心

项目业主：红塔烟草（集团）有限责任公司
建设地点：云南 昆明
建筑功能：体育、休闲建筑
用地面积：334 300平方米
建筑面积：120 000平方米
设计时间：1999年—2003年
项目状态：建成
设计单位：云南省设计院集团
主创设计：屠兴、郭五代

　　昆明红塔体育中心是红塔集团投资6.9亿元人民币建设的大型综合性康体设施，位于昆明滇池国家旅游度假区内，东接云南民族村，西临滇池，与著名的西山隔水相望。设计将大体量的建筑群通过不同的形态组合，进行分割细化，使建筑与相邻的西山、滇池的自然景观完美地融合在一起，在自然与人文的交流延续中，隐隐展示出一点儿科技发展的独特意味。

　　中心现已建成足球训练基地（11块足球场）、网球中心（11片网球场）、冰上运动中心、66保龄馆（66条球道）、沙滩排球、四季游泳馆、综合类球馆、羽毛球馆、兵乓球、桌球、壁球、飞镖、气悬球等可供国际、国内专业比赛、训练的一流场馆和完备的商务、娱乐服务设施。

　　红塔体育中心成功接待了绿茵豪门——世界一流足球队皇家马德里足球队及中国国家队、国奥队、国青队等足球队进行集训，并承办了多项国内外赛事。

YUNNAN ENERGY VOCATIONAL AND TECHNICAL COLLEGE

云南能源职业技术学院

项目业主：云南能源职业技术学院
建筑功能：综合学院
建筑面积：235 400平方米
项目状态：建成
主创设计：屠兴、陈东、程斌、郭莉莉

建设地点：云南 曲靖
用地面积：224 543平方米
设计时间：2009年—2013年
设计单位：云南省设计院集团

设计结合场地的各种自然条件和周边环境，充分考虑学生的学习、生活流线，在结合绿色节能要求的同时，对学院的历史文脉予以提炼和创新，通过建筑形体的对比、建筑细部的呼应等手法，在整个园区创造出整体风格和谐统一的新校园文脉。

RUISHENG TECHNOLOGY PARK

瑞升科技园

项目业主：云南瑞升烟草（技术）集团有限公司
建设地点：云南 昆明
建筑功能：科技研究、实验、办公
用地面积：54 000平方米
建筑面积：62 000平方米
设计时间：2010年
项目状态：在建
设计单位：云南省设计院集团
主创设计：屠兴、陈东

瑞升科技园是云南瑞升烟草（技术）集团有限公司投资的，集烟草科技研究、实验和办公于一体的综合性设施，位于昆明高新技术开发区内，西侧和北侧远处有群山环绕。

特别强调项目设计到实施的一体性和高完成度。充分考虑项目所在区位的要求，将高科技集团的企业文化和设计理念相融合，统一考虑建筑的内、外部设计，使建筑本身的特质由外至内自然延伸，结合丰富的细节处理，使建筑在展示高科技形象的同时，又传达出深深的人文关怀。

YUAN JIAGU RESIDENCE RENOVATION DESIGN

袁嘉谷故居改造设计

项目业主：云南大学
建设地点：云南 昆明
建筑功能：纪念馆
用地面积：320平方米
建筑面积：800平方米
设计时间：2008年
项目状态：建成
设计单位：云南省设计院集团
主创设计：屠兴、陈东

　　袁嘉谷故居，位于翠湖北路51号，建于民国初年。占地面积320平方米，坐北朝南，南临翠湖公园，北面临街，东西两侧是铺面。故居年久失修，此次改造按照"修旧如旧"的原则，保留了该故居所具有的云南清末民初典型的四合院式民居建筑特色。改造后的故居由正房、东西厢房和倒座房构成。正房为三重檐歇山顶，其余各建筑为单檐两层，二楼有着"走马转角楼"的建筑特色。其中木构架为抬梁及抬梁穿斗混合形式，木构架承重；各扇门及槛窗为民国初期云南民居的典型做法。所有建筑屋顶均为青色筒板瓦。室外地面为青石地墁，台明阶条石及柱础均为青石砌筑。故居重修后，三楼为展览室，陈列袁嘉谷的相关物品，一、二层经营云南滇味餐饮。

VANKE CHARM CITY

万科魅力之城

项目业主：昆明万科房地产开发有限公司
建设地点：云南 昆明
建筑功能：住宅
用地面积：666 000平方米
建筑面积：2 300 000平方米
设计时间：2011年至今
项目状态：在建
设计单位：云南省设计院集团
主创设计：屠兴、陈东

项目位于昆明东南板块，是连接老城区与呈贡新区的门户，处于昆明向东、南发展的核心位置，紧邻呈贡国际物流基地。本地块未来极具发展优势，将成为昆明的新核心。项目设计依据万科的建设理念，结合当地的地域生活特点，营造出大气、丰富，又充分体现以人为本的整体思想。整个设计以"大城"为出发点，综合考虑建筑群、景观轴、区域节点的统一协调，充分满足不同人群的动、静流线，从而使整个项目体现出完整、丰富，同时又充满人文关怀的生活态度。

仝晖

出生年月：1968年04月
职　务：副院长
职　称：教授

教育背景
1990年07月　山东建筑工程学院/建筑系/
　　　　　　建筑学/学士
1997年04月　东南大学/建筑学院/建筑系/
　　　　　　建筑学/硕士
2004年07月　东南大学/建筑学院/建筑系/
　　　　　　建筑学/博士

工作经历
1990年至今　山东建大建筑规划设计研究院
　　　　　　人居研究中心

主要设计作品
山东大学高速公路研发中心
山东大学兴隆山校区图书馆
山东交通学院3号教学实验楼
山东章丘文博中心
滨州市奥林匹克项目
滨州市老干部活动中心&老年大学项目

赵斌

出生年月：1977年09月
职　称：副教授

教育背景
1996年—2001年　浙江大学/建筑系/建筑学/学士
2001年—2004年　浙江大学/建筑系/建筑学/硕士

工作经历
2004年至今　山东建大建筑规划设计研究院人
　　　　　　居研究中心

主要设计作品
高唐县文化中心
山东章丘文博中心
沾化县市民活动中心
山东济南历下金融中心
聊城市东阿检察院办公楼
山东大学兴隆山校区图书馆

王润政

出生年月：1976年10月
职　务：创作中心主任
职　称：高级工程师

教育背景
2000年07月　山东建筑工程学院/建筑系/学士

工作经历
2000年07月至今　山东建大建筑规划设计研究院

个人荣誉
2010年　第八届中国建筑学会青年建筑师奖

主要设计作品
济南军区燕子山庄
山东建筑大学图书信息中心
山东省工会管理干部学院图书馆
山东大学中心校区入口广场周边建筑组团

孔亚暐

出生年月：1977年12月
职　称：副教授

教育背景
1996年—2001年　山东建筑工程学院/建筑系/
　　　　　　　　建筑学/学士
2004年—2005年　英国诺丁汉大学/建成环境
　　　　　　　　学院/建筑学/硕士

工作经历
2001年至今　山东建大建筑规划设计研究院人
　　　　　　居研究中心

主要设计作品
济南市历下金融中心
济南市住宅产业孵化基地
山东省沾化县市民活动中心
山东省民主党派机关办公楼
大众传媒产业基地概念性方案设计
济南市历下区生活废弃物转运中心

刘长安

出生年月：1978年11月
职　称：副教授

教育背景
1996年—2001年　山东建筑工程学院/建
　　　　　　　　筑系/建筑学/学士
2004年—2005年　英国诺丁汉大学/建
　　　　　　　　学院/建筑学/硕士

工作经历
2001年至今　山东建大建筑规划设计研究
　　　　　　院人居研究中心

主要设计作品
章丘文博中心
山东大学青岛校区图书馆
山东体育学院滨州教学训练中心
山东大学南校区教学楼及讲堂群
山东体育学院新校区教学用综合训练中心
茌平图书馆、博物馆、体育馆、体育场规
划及建筑设计方案

地址：**山东省济南市临港开发区凤鸣路山东建筑大学**
电话：0531-86361731
传真：0531-86956156
网址：sjylt.sdjzu.edu.cn
电子邮箱：SDJDSJY@126.com

　　山东建大建筑规划设计研究院（原山东建筑大学设计研究院）成立于1960年，拥有建筑工程设计、城市规划设计、风景园林设计、工程咨询四种甲级资质以及建筑工程施工图设计审查一类资格，同时具备市政工程、古建筑保护乙级设计资质。

　　全院300余人，专家支持团队50余人，现有国家级注册建筑师、注册规划师、注册结构工程师、注册公用设备工程师、注册电气工程师、注册咨询工程师等79人，香港建筑师、结构工程师学会会员5人。设计人员中具有中高级技术职称人员占60%以上。业务领域涵盖各类公共与民用建筑工程设计、城市总体规划和专项规划编制、详细规划编制、风景园林规划、古建筑保护及修复设计、检测加固设计以及前期可研和建筑策划研究。全体员工勤奋工作、锐意创新，勘察设计在省部级优秀设计评选中，取得了优异的成绩；多项科研成果荣获国家、部、省级奖励。尤其在校园规划及建筑设计方面具有一定专业优势，先后完成省内外20余所高校新校区项目的规划设计和建筑设计，在社会上赢得了广泛声誉。

　　设计院注重与山东建筑大学优势院系的专业协同，以取得人才队伍的扩充和技术优势的提升。与建筑城规学院共建的山东建大建筑规划设计研究院人居研究中心，下设建筑、城乡规划、建筑技术、遗产保护、风景园林5个研究所，城镇化发展研究、区域与城市规划研究2个中心，拥有国家一级注册建筑师29人，注册规划师19人，近年来完成一大批建筑设计、规划设计项目，获省部级设计奖励30余项。

　　经过50余年几代人的不懈进取，山东建大建筑规划设计研究院充分依托山东建筑大学的人才与学科资源，已发展成为一所集设计、教学与科研于一体，技术实力雄厚，管理先进，在国内有一定影响力的设计研究单位，将携手国内外同行努力为我国城镇化进程中的建设事业谱写靓丽篇章！

SHANDONG UNIVERSITY FREEWAY R & D CENTER

山东大学高速公路研发中心

项目业主：山东大学
建筑功能：教育建筑
建筑面积：9 992平方米
项目状态：建成
主创设计：仝晖
获奖情况：2011年全国优秀工程勘察设计三等奖

建设地点：山东 济南
用地面积：15 586平方米
设计时间：2010年
设计单位：山东建筑大学建筑城规学院、山东建大建筑规划设计研究院
参与设计：王江、赵斌、孔亚暐、刘长安

作为学校前区东西轴线上的标志性建筑，建筑形体充分契合已建成的建筑，材质和色彩与相邻的工程训练中心和图书馆相呼应。建筑布局对应道路关系，将体量围合成"U"形庭院，作为交通、交流场所，使结构形态与周围自然肌理相融合。内外空间设置适应当前信息化、数字化教学研究的要求，整体形成兼具开放性、参与性、交通性等特征的空间构成。

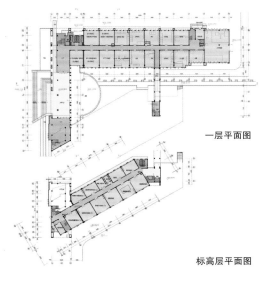

一层平面图

标高层平面图

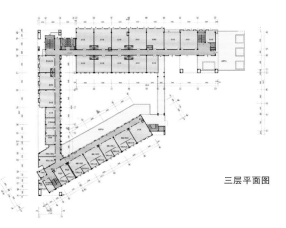

三层平面图

SHANDONG UNIVERSITY XINGLONGSHAN CAMPUS LIBRARY

山东大学兴隆山校区图书馆

项目业主：山东大学　　　　　建设地点：山东 济南
建筑功能：教育建筑　　　　　用地面积：15 000平方米
建筑面积：20 700平方米　　　设计时间：2008年
项目状态：建成　　　　　　　设计单位：山东建筑大学建筑城规学院、山东建大建筑规划设计研究院
主创设计：仝晖　　　　　　　参与设计：赵斌、孔亚暐、王江
获奖情况：2013年山东省优秀工程勘察设计一等奖

　　建筑的三个外界面与校园道路、教学区中心广场及周围建筑和谐对话。设计综合考虑图书馆使用功能和特定区位的要求，以三角形中庭为核心，环以布局主要功能空间。北侧建筑体量近似对称布局，与校园入口轴线相应；东侧建筑体量结合地势，以引桥与校园道路衔接；西南部面向教学区广场部分采用退台处理，与建筑东侧山体及下凹的教学区广场形成有机过渡，同时，也为图书馆室内创造出极具特色的开放阅览空间。

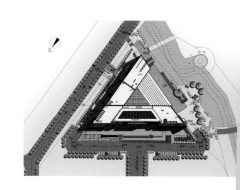

二层平面图

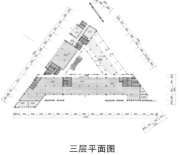

三层平面图

五层平面图

SHANDONG LABOR UNION MANAGEMENT CADRES INSTITUTE LIBRARY

山东省工会管理干部学院图书馆

项目业主：山东省工会管理干部学院 建设地点：山东 济南
建筑功能：教育建筑 建筑面积：18 768平方米
设计时间：2004年—2008年 项目状态：建成
设计单位：山东建大建筑规划设计研究院 主创设计：王润政
参与设计：赵学义、辛宏
获奖情况：2009年山东省第一届优秀建筑设计方案评选一等奖
　　　　　2011年蓝星杯第六届中国威海国际建筑设计大奖赛优秀奖
　　　　　2013年山东省优秀工程勘察设计一等奖
　　　　　2013年全国优秀工程勘察设计行业奖三等奖
　　　　　2013年中国建筑设计奖建筑创作银奖

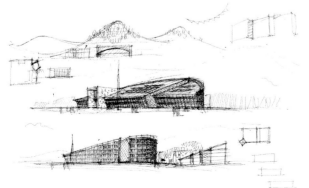

建筑与校区主入口的关系

　　图书馆北面正对校区主入口，建筑形象很重要，然而北立面为阴面，为了解决这个问题，我们将二至五层的屋面做层层退台处理，形成一个整体性的斜坡屋面，把阳光引入建筑的北面，使建筑的暗面也亮起来，绿色生态的斜屋面也让建筑充满了活力。

建筑与背景的关系

　　建筑的南面为风景秀丽的山峦，建筑平面采用半圆形，斜坡屋面与半圆弧相交，形生了一条优美的空间圆弧线，它与背景中的山脊线完美地融合在一起，形成了一幅景中有物、物融于景的美丽画面。
　　平面布局：图书馆分为东西两部分，东部为阅览及办公部分，西部为自习室及学术报告厅。

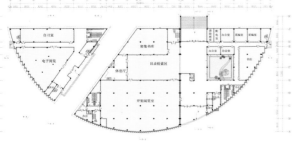

一层平面图

剖面图

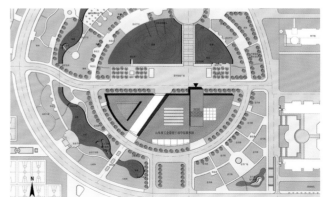

SHANDONG JIAOTONG UNIVERSITY TEACHING AND LAB BUILDING

山东交通学院3号教学实验楼

项目业主：山东交通学院　　　　　建设地点：山东 济南
建筑功能：教育建筑　　　　　　　用地面积：64 000平方米
建筑面积：74 000平方米　　　　　设计时间：2012年
项目状态：方案　　　　　　　　　设计单位：山东建筑大学建筑城规学院
主创设计：仝晖　　　　　　　　　参与设计：孔亚暐、周琮、李晓东、侯世荣
获奖情况：2013年山东省优秀建筑设计方案一等奖

校园东南部环山，中间则为湖面，3号教学实验楼在校园南侧入口东北部。该建筑空间的设计，旨在延续已建成环境的空间肌理，进而营造融于山水环境之间的空间意蕴。建筑南侧、东侧立面顺直，与南侧城市道路及东侧校园主路相对应，也暗合校园的合院式空间布局模式；北侧布置阶梯教室楼与校园中部湖面相对，做椭圆式体量设置，形成与水面相合的景象；南北部建筑中间配合折线形建筑形体过渡，构筑灵动的驻留空间及廊院空间。在校园规则严谨的院落式布局的背景中，教学实验楼焕发出寄情山水之间的书院气韵。

SHANDONG ZHANGQIU WENBO CENTER

山东章丘文博中心

项目业主：章丘市政府
建设地点：山东 章丘
建筑功能：文化建筑
用地面积：139 112平方米
建筑面积：130 400平方米
设计时间：2011年
项目状态：方案
设计单位：山东建筑大学建筑城规学院
主创设计：仝晖
参与设计：赵斌、刘长安、孔亚暐
获奖情况：2011年度山东省优秀建筑设计方案二等奖

　　保持以"泉""山"自然环境为特色的城市风貌，运用当代要素塑造全新功能与面貌的"山水园林城市"。寓"旧"于新，对历史传统进行现代演绎。代表传统黑陶文化的建筑实体与体现时代特征的玻璃虚体相互交织，由玻璃引入的顶部采光照射在文博中心实体空间内的展品上，在凝练室内空间品质的同时，也借助当代语汇诠释了传统文化与自然意蕴共筑的和谐盛境。

水墨意向："山水园林城市"的解读

　　在章丘市城市文博中心的设计中，创意于中国水墨绘画艺术的写意笔触与意境表达，实体的功能空间体块顺应南部山势的起伏构建了基地环境的和谐空间布局，在东侧对应于政务景观主轴线形成山体背景的城市界面，而西侧则围合成开放的公共空间环境；顶部采光的连贯玻璃虚体"留白"地交映于"实体山景"之间，并与城市水系自然衔接，"山水园林城市"的意境在非线性的建成空间环境中诗情画意般地呈现出来。

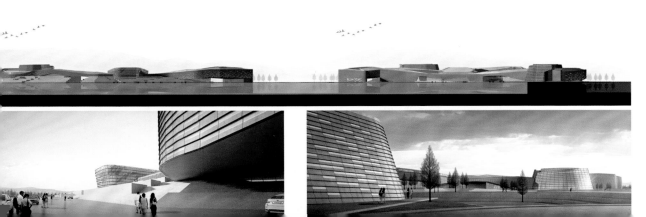

PEDDLE THORP ARCHITEC
澳大利亚柏涛(墨尔本)建筑设计有限公

王漓峰

职务：澳大利亚柏涛（墨尔本）建筑设计有限公司/首席代表
　　　澳大利亚柏涛（墨尔本）建筑设计亚洲公司/董事长

设计理念
意境是建筑创作的灵魂、建筑因意而动、建筑因境而灵

教育背景
1980年—1984年　同济大学/建筑学/学士
1990年—1991年　澳大利亚皇家墨尔本理工学院/建筑学/硕士

工作经历
1990年—1997年　澳大利亚柏涛（墨尔本）建筑设计有限公司高级建筑师、高级经理
1997年至今　　　澳大利亚柏涛（墨尔本）建筑设计有限公司驻中国深圳代表处首席代表
　　　　　　　　澳大利亚柏涛（墨尔本）建筑设计亚洲公司董事长

部分作品

海外项目
BHP全球培训中心、佳能墨尔本总部大楼、DUAL工程公司总部、SOUTH YARRA住宅区规划与设计、HOLDEN STREET住宅区规划与设计、墨尔本海港区规划与设计、COMO住宅区规划与设计

国内项目

深圳万科城市花园	金地翠园	天然居
蔚蓝海岸	硅谷别墅	华侨城·波托菲诺
香蜜湖水榭花都	熙园	杭州金色海岸
成都鹭岛国际	无锡圣芭芭拉	大连华润星海湾壹号
深圳圣莫丽斯	杭州理想伊萨卡	深圳香蜜湖 1 号
成都鹭岛国际社区	厦门海峡国际社区	南京仁恒江湾城
北京北辰香麓	常州世茂香槟湖项目	中山远洋城
杭州滨江金色明园	南京江湾城	厦门原石滩国际社区
厦门海峡国际社区	海口鸿洲江山	

PEDDLE THORP ARCHITECTS MELBOURNE ASIA
澳大利亚柏涛（墨尔本）建筑设计亚洲公司

地　　址：深圳市南山区华侨城生态广场A栋302
邮政编码：518053
总　　机：0755-26928866
项目洽谈：0755-26919391/26919576
传　　真：0755-26905186
网　　址：www.ptma.com.cn
邮　　箱：main@ptma.com.cn

　　澳大利亚柏涛（墨尔本）建筑设计有限公司是澳大利亚最大的建筑设计公司之一。柏涛的历史可以追溯到1889年，一个多世纪以来，柏涛一直走在世界建筑设计行业的前列。

　　杰出、实用和经济是柏涛公司设计的原则，设计上的创新和技术上的更新是公司的宗旨，技术上的可靠和设计上的独特更是公司长期的声誉之所系。庞大的技术资源，广泛、丰富的经验，使柏涛公司能够承担各种规模、各种类型的区域规划设计和各类建筑的设计。

　　柏涛建筑设计集团除在澳大利亚几个大城市外，还在东南亚、欧洲和美国设有分支机构，设计业务遍布世界各地。柏涛墨尔本公司集中了一大批优秀的建筑师和相关专业人员，除开展通常的建筑设计业务之外，还对体育、医疗、住宅建筑设有专门的研究机构。主要作品有澳大利亚国家网球中心、澳大利亚墨尔本奥林匹克公园及自行车赛馆、ESSO澳洲总部、墨尔本水底世界水族馆、马来西亚运动中心以及众多建于澳洲本地与国外的酒店、商业大厦、政府大厦、写字楼工程、居住区建筑、医疗设施等。

　　1998年2月，柏涛墨尔本公司在中国成立办事处，随即设立柏涛亚洲公司，发展中国及周边地区的建筑设计业务，其设计业务范围包括城市规划、建筑设计及景观园林设计。经过澳中建筑师十几年来的共同努力，如今已成功设计完成了许多令人瞩目的优秀工程项目，并多次获得中国权威机构颁发的奖项。同时与中国的政府、著名的开发企业及设计机构建立了良好、深入的合作关系。

　　柏涛墨尔本公司在中国的设计机构拥有众多高素质的中外建筑师，国际化的先进设计理念、本地化的优秀团队服务，使公司业务发展迅速。到目前为止，业务范围已覆盖了中国境内26个省、自治区、市，并在上海和北京常设实力雄厚的设计机构。在澳大利亚本部的支持下，我们有能力在大规模的城市区域规划设计、大型公共建筑设计（包括办公楼、商业中心、酒店、教育行政文化设施、运动娱乐设施、医疗设施等）以及住宅规划设计、建筑设计及园林景观设计等方面，以独特的设计手法、先进的技术和丰富的经验，活跃在国际建筑设计舞台上，并始终如一地为客户提供一流的服务。

ARCHITECTS

柏涛主创建筑师

孔力行

执行董事 / 技术总监
澳大利亚柏涛（墨尔本）建筑设计亚洲公司

主要作品及获奖作品
国际科技大厦
通与人才大厦
长沙汇华大厦
深圳碧华庭居住宅小区

获奖作品
深圳火车站室内装饰设计
深圳土畜产大厦
深圳公司华民大厦
天津鸿吉商贸大厦
福田区第二办公楼
深圳岗区府大厦
深圳市田园居别墅小区
深圳市麒麟山庄
杭州蔚蓝海岸居住区
深圳华侨城波托菲诺纯纯水岸
中国水榭花都住宅项目

赵国兴

董事 / 总经理 / 总建筑师
澳大利亚柏涛（墨尔本）建筑设计亚洲公司

主要作品及获奖作品
深圳中信红树湾
深圳水木澜山
珠海中信红树湾
深圳中信中央公园
中信山语间
武汉泰然生物谷办公综合体
海西·燕子湾森林文化休闲园
中信九江庐山西海
东莞中信森林湖
深圳绿景公馆 1866
黄山中信湾
宿迁骆马湖游艇俱乐部
深圳招商海上世界双玺花园二期住宅

国内外竞赛获奖作品
深圳中信红树湾
珠海中信红树湾
深圳中信中央公园
深圳绿景公馆 1866

赵晓东

董事 / 首席总建筑师
澳大利亚柏涛（墨尔本）建筑设计亚洲公司

主要作品及获奖作品
北京中粮祥云国际社区
成都华润橡树湾住宅区
深圳万科第五园
成都 24 城项目住宅区
北京华润橡树湾住宅区
华侨城波托菲诺住宅区规划及建筑设计
华润集团培训中心（华润大学）北校区
惠州 " 小径湾 " 大型综合开发区
南宁华润万象城幸福里住宅项目
成都华侨城综合开发总体规划
成都天合凯旋门居住区
深圳罗浮山度假村
澳大利亚悉尼 HIGHPORT 项目

国内外竞赛获奖作品
未来的农业城堡
盘旋车站
长城的故事

侯其明

董事 / 副总经理 / 总建筑师
澳大利亚柏涛（墨尔本）建筑设计亚洲公司

主要作品及获奖作品
合肥栢景湾
重庆鲁能星城
天津格调故里
深圳龙岗世贸中心
深圳香蜜湖熙园
山东泰安新华城商业广场
张家港宏润鏊阳湖项目
安徽置地·合肥置地广场
港江东盟城
绵阳金海湾
济南奥体地块

获奖作品
深圳蔚蓝海岸（三期）
杭州金色海岸
海南翡翠都
学府名都
黄山置地·黎阳 in 巷
宁波江南一品

李明

董事 / 副总经理 / 总建筑师
澳大利亚柏涛（墨尔本）建筑设计亚洲公司

主要作品及获奖作品
西安中建开元壹号
重庆中渝御府国宾城
佛山招商地产依云尚城
重庆华润中央公园
安徽马鞍山深业华府
深圳宝安勤达诚 22 世纪
成都温江英鹤庄园
珠海金地金湾区项目
海口西岸中信云项目
成都大源中央公园老房子·元年食府
广东中山远洋城 B 区
深圳龙岗金地宝荷路项目
金地名峰
金地天悦湾二期
金地坪山体育中心
金地珠海扑满花园
金地烟台悦澜山

获奖作品
深圳火车站
天津鸿吉商贸中心
北京中国建筑文化中心
深圳星河·国际
浙江湖洲行政中心
四川绵阳孵化中心
深圳中心体育馆

吕学军

董事 / 副总经理 / 总建筑师
澳大利亚柏涛（墨尔本）建筑设计亚洲公司

主要作品及获奖作品
长沙水电
山东日照
百盛佛山南庄镇罗南项目
湖州国贸仁皇山（投标）
鲁能重庆茶园
长沙 沙河城二期方案
长沙汇金国际
绿科天津滨海新区项目
呼马山住宅
贵阳 观山湖一号
重庆 鲁能星城五期
深圳大族大光勤城市更新项目
深圳合正中央原著

获奖作品
厦门大学康城
朱海格力广场
厦门建发圣地亚哥

陈德军

董事 / 北京分公司总经理 / 总建筑师
澳大利亚柏涛（墨尔本）建筑设计亚洲公司

主要作品及获奖作品
大连华润星海湾壹号
厦门国贸天琴湾
深圳中海香蜜湖一号
东莞金众金中央
辽宁抚顺远洋城
大连亿达普罗旺斯
北京领秀翡翠山

何永屹

董事
上海柏涛建筑设计咨询有限公司

主要作品及获奖作品
绿地上海藏廉公寓
南京城开集团汤山公馆
绿地昆山 21 城孝贤坊
龙湖集团无锡锡山天街

钱炜

执行董事
上海柏涛建筑设计咨询有限公司

主要作品及获奖作品
上海金地宝山艺境
上海万科尊御园
中大扬州东方一品
常州溪湖小镇

刘洪

执行董事 / 总建筑师
上海柏涛建筑设计咨询有限公司

主要作品及获奖作品
浙江邦泰城
上海万科白马花园
绿地新南路一号
上海华润橡树湾三期

HUANGSHAN LANDMARK · LIYANG IN LANE

黄山置地·黎阳in巷

项目业主：黄山置地投资有限公司
建设地点：安徽 黄山
建筑功能：商业综合体
用地面积：78 849平方米
建筑面积：62 489平方米
设计时间：2005年—2013年
项目状态：建成
设计单位：澳大利亚柏涛（墨尔本）建筑设计亚洲公司
设计团队：侯其明、叶婷、叶沛军、于春艳、姜云华

　　项目基地内有一条黎阳老街，始建于东汉建安十三年（公元208年），经现场勘察，基地中贾宅、石宅为市级文物保护建筑，另有8栋外观基本保存完好，可以经修缮再利用的老民居，因而决定将其保留下来。

　　规划设计中，保护、移植、创新是建筑师的设计宗旨。项目在建筑形态及立面设计上，立足于传承徽派建筑审美意向，取意于徽州典型建筑形式的精髓，根据不同区域位置及建筑功能的定位，采用传统建筑风格与现代新徽州风格，总体保持徽风徽韵的建筑风格。建筑师在重视黎阳老街文化原生态的保护与发掘的同时，力求有文化、有品位、有深度，重现黎阳老街旧日的繁荣与辉煌，让游客在走进黎阳老街时既能体味千年古镇的厚重历史，又能感受到现代都市时代特征。

ZHUHAI CITIC MANGROVE BAY

珠海中信红树湾

项目业主：中信地产珠海投资有限公司
建设地点：广东 珠海
建筑功能：住宅建筑
用地面积：272 200平方米
建筑面积：833 900平方米
一、二期设计时间：2009年—2011年，建成
三、四期设计时间：2013年，在建
设计单位：澳大利亚柏涛（墨尔本）建筑设计亚洲公司
设计团队：赵国兴、冯佩、苏中富、林大平

　　项目东临前山河，西望将军山，北接回归公园，南眺澳门特区，具有丰富的自然景观与人文景观优势。规划方案采用显山露水的空间大格局形式，充分整合山水资源，以前山河作为规划的起始界面，然后由外至内，由河滨至小区中心庭园再至将军山，形成极具张力和辐射力的空间序列。

　　在社区内部，高层住宅区围合成大尺度庭园，而低层住宅区域则密集排布，形成宜人尺度的生活空间。由低渐高、由小渐大的空间序列，层层过渡、逐步渗透，构成了多样化的空间形态。

XIAMEN WUYUAN BAY NO.1

厦门五缘湾一号

项目业主：联发集团有限公司　　建设地点：福建 厦门
建筑功能：住宅建筑　　　　　　用地面积：112 327平方米
建筑面积：267 750平方米　　　 设计时间：2011年
项目状态：建成　　　　　　　　设计单位：澳大利亚柏涛（墨尔本）建筑设计亚洲公司
设计团队：赵国兴、滕怡、董春林

　　项目由小高层组成，采用斜列式布局，绝大数住宅拥有海景与园景，建筑群充满韵律感、节奏感觉以及视觉层次感

1866 GREENVIEW MANOR

录景公馆1866

项目业主：正兴隆房地产（深圳）有限公司
建设地点：广东 深圳
建筑功能：住宅、配套商业
用地面积：77 795平方米
建筑面积：228 024平方米
设计时间：2013年
项目状态：建成
设计单位：澳大利亚柏涛（墨尔本）建筑设计亚洲公司
设计团队：王漓峰、李笠、周淑玲、蒋跃辉、吴淑君、陈玉莲

　　项目位于深圳市龙华新区，由多栋高层建筑组成，主要用作住宅及商业等功能，下设两层地下室，建成中型商业及高档小型商业相结合的商住小区。

　　本项目根据资源的优势等级合理布置各面积区间的户型，将建筑置于南侧中间视线开阔之地，景观资源占有明显的优势。户型设计结合南方的气候条件，充分尊重购房者对景观、朝向的要求，通过大阳台、高露台将户外景观引入户内，在满足规范要求的前提条件下，尽量增加半封闭或开敞的第三空间，并活跃居住气氛，增加立面设计层次。同时刻意追求公共空间的全明、全通风，架空花园的高大尺度，提升了整个居住空间的品质。立面以Art-Deco风格为主导，通过引导向上的视线，使近百米的居住建筑显得挺拔，而近人尺度上的美好比例及精致的细部，又使整个建筑的尊贵等级度得以提升。

PINGSHAN SPORTS CENTER

坪山体育中心

项目业主：金地（集团）股份有限公司
建设地点：广东 深圳
建筑功能：体育建筑
用地面积：195 800平方米
建筑面积：93 000平方米
设计时间：2013年
项目状态：建成
设计单位：澳大利亚柏涛（墨尔本）建筑设计亚洲公司
设计团队：李明、陈琼、蒋跃辉、王飞雪、林帅、吴淑君

　　项目由三期构成，一期为已建成并投入使用的篮球馆，二期即将投入建设，是整个体育中心的核心部分——网球学院，三期为待开发的配套商业设施和综合馆。规划强调体育中心新旧建筑之间的融合以及建筑和环境间的和谐共生。设计巧妙地将古典建筑的比例与材质运用到场馆建筑的基座，使现代和古典完美结合，共同构成了本项目的新古典主义建筑风格。

SHENZHEN MEILIN INNOVATIVE INDUSTRIAL SERVICE CENTER

深圳梅林创新型产业服务中心

项目业主：深圳市土地储备中心
建设地点：广东 深圳
建筑功能：办公、综合甲级写字楼
用地面积：14 204平方米
建筑面积：101 278平方米
设计时间：2012年12月
项目状态：方案投标
设计单位：澳大利亚柏涛（墨尔本）建筑设计亚洲公司
设计团队：施旭东、叶沛军、王钊、李俊鹏、黎万灶、吴菲娜

　　项目方案满足创新办公与社区配套服务中心的定位以及功能和环境的完美结合。总体功能齐全，水平交通流畅，竖向交通顺畅。外立面设计体现绿色节能理念。

　　建筑通过竖向高度的变化，结合功能及周边城市建筑的关系，进行建筑体量的塑造。各体量的交通围合，在平面上形成开合的院落，为绿色植物提供了生长栖息的场所，又为城市增加了活泼、积极的建筑形象，显示了开发者的资本实力。外立面结合空调机位使用的需求，设计了丰富的变化，为立面增加了浪漫多姿的色彩。

YANGZHOU LI NING SPORTS PARK

扬州李宁体育公园

项目业主：北京非凡领越房地产咨询有限公司　　建设地点：江苏 扬州
建筑功能：体育公园　　用地面积：176 666平方
建筑面积：47 000平方米　　设计时间：2013年
项目状态：在建
设计单位：澳大利亚柏涛（墨尔本）建筑设计亚洲公司
设计团队：施旭东、叶沛军、黎万灶、胡敏峰、吴菲娜

　　地块位于扬州市广陵新区，地块东侧为廖家沟，周边自然环境优越在形体设计上采用了柔和的弧线来和周边的自然环境相互衬托，自然流型建筑形态仿佛从地上生长出来一样，形体上也能融入整个广陵新区的他建筑群中。
　　造型设计
　　体育公园的形体、颜色、纹理近似自然山丘的外表和邻近的廖家沟成很醒目的呼应关系，并将为广陵新区的整体规划注入一种优美协调的际线。体育公园的形体像一系列自然弧形由地底生长出来，从而进一步人为形态和自然形态相融合，犹如自然生长的植物。建筑物间穿插进尽宜人的小庭院，既能借鉴中国传统艺术——江南园林的表现方法，又能富扬州人民的生活方式，表现开放、包容和创新的精神。
　　外墙设计
　　采用灰色中空LOW-E玻璃幕墙系统，外墙微妙的反光，绿树、天、白云等自然景观和周边建筑物随着时间在建筑物上的倒影变化，使个建筑变得很丰富，又能与周边建筑和环境相协调。
　　重视自然环境
　　屋顶采用绿化植被系统，最大限度地使建筑与自然环境融为一体。人的种植屋顶一方面提供了更多的室外活动空间，提高了体育建筑的使效率，另一方面也符合国家对建筑节能减排的要求。

宝城26区（大二期）概念规划方案

厦门海峡银行

深圳丽丹大厦（投标方案）

南宁李宁体育园

天津中粮六纬路项目体验中心

中信城市广场

亚泰建筑
Asia Top Architecture

王成

出生年月：1973年02月
职　　务：院长
职　　称：国家一级注册建筑师
　　　　　高级规划师
　　　　　中国建筑学会会员
　　　　　中国十大酒店设计风云人物
　　　　　广州市建设工程交易中心评标专家
　　　　　广州市建筑装饰行业协会会员

教育背景
1994年06月　武汉工业大学

工作经历
1994年07月—1999年05月　广州市建工设计院/建筑工程师
2002年06月—2007年12月　泛华工程有限公司（广东分公司）/建筑总工程师
2008年至今　　　　　　　广州亚泰建筑设计院有限公司/建筑总工程师
　　　　　　　　　　　　（原广州荔湾区建筑设计院）

主要设计作品
钦州东方豪庭
亨元保障性住房
江西全南明珠塔
黄埔海事博物馆
广州市广仁大厦
广州医学院微创外科大楼
番禺桥南保障性住房
江湾花园
黄埔区老人院二期
山西世茂休闲中心

地址：广州市天河区翰景路1号金星大厦19楼
电话：020-84214629/84204936
传真：020-84204936转802
网址：www.gzatsj.com
电子邮箱：gzatsj@126.com

广州亚泰建筑设计院有限公司（原属于国营企业）始建于1981年，2007年3月，华尚建筑设计有限公司将其收购，是国家建设部认定的建筑工程甲级设计单位（证书编号：A144002161），专业从事各类建筑工程设计及相关的景观设计、工程技术与城市规划咨询等业务。

公司目前人才荟萃，拥有一批正规教育出身，工程实践经验丰富的优秀设计师，经过多年努力，在全国各地开设10多家分公司，如北京、上海、四川、宁夏、贵州及珠三角地区等。主要工程业绩有山西世茂大酒店、钦州东方豪庭、化州江湾花园、江西全南明珠塔、亨元安置房、海事博物馆、石丰路保障性住房项目、陕西西安祭台村城中村改造项目DK-1、东新高速以东保障性住房项目、广州市黄埔区老人院二期工程等。

公司设建筑、结构、给排水、电气、暖通、规划、景观、室内等专业。在设计概念与构思方面，亚泰一直尊重传统与历史的发展，融亚洲传统文化艺术于国际化视野之中，并利用自身良好的社会资源，与多所建筑类名校、大设计院、建筑界媒体保持密切合作，以此为坚实基石保持一贯的塑造精品的发展步伐。亚泰建筑设计以丰富的建筑工程设计经验、杰出的设计作品和设计质量以及良好的服务口碑著称于业内。

公司的宗旨是"创意为先，质量为本"。公司以此为精神准绳，对设计品质要求非常严格，所有设计均由主创人员经过深入调研、详细论证、精雕细琢而成。在管理模式上汲取国外设计所的先进理念，结合传统设计院的管理模式，执行创新与继承有效结合的高效体制，确保为客户提供最高水准的设计服务，并同时配合以最专业的工程管理。

亚泰建筑设计崇尚符合时代精神、健康而有内涵、自然生成而顺应生态的有机建筑风格，在深入考量项目所在的社会背景、自然环境的前提下，力求在经济效益和美学原则之间取得平衡，最大限度地展示项目的独特个性。

在设计概念与构思方面，亚泰建筑一直尊重传统与历史发展，融亚洲传统文化艺术于国际化视野之中，以适应社会及时代趋势，创新合时的设计语言，去表达建筑物脱俗的气质及洒脱的品味。

在未来的时间里，公司将继续发挥较强的技术力量，先进的技术水平，按照一贯的质量方针和质量目标开展业务活动，积极拓展同海内外客户的业务往来与合作关系，提供更多的作品。

QINZHOU ORIENT HEIGHTS

钦州东方豪庭

项目业主：广东远通集团有限公司
建设地点：广西 钦州
建筑功能：住宅
用地面积：24 460平方米
建筑面积：79 925平方米
设计时间：2007年10月28日—2009年10月27日
项目状态：建成
设计单位：广州亚泰建筑设计院有限公司
主创设计：王成
参与设计：李万晓、戴文锋、许磊、柯锦芳
获奖情况：2009年中国房地产协会之中国最佳建筑设计奖

项目在建筑外形设计上，采用传统民居文脉和现代特色相结合的造型。空间及立面构成手法均充满古典气息，又以全新的思维及手法追求"现代"美感。顶部轻灵精致，充满韵律感，加上对细部细致入微的雕琢和材质及颜色的恰当运用，营造出优雅统一又不失温馨浪漫的社区氛围。在户型设计上尽量以中小户型为主，做到紧凑、经济和高利用率。建筑饰面以淡雅色彩装饰材料为主基调，在接近广场处采用部分石材贴面，强化入口。

HENGYUAN AFFORDABLE HOUSING

亨元保障性住房

项目业主：广州市保障性住房办公室
建设地点：广东 广州
建筑功能：住宅
用地面积：20 029平方米
建筑面积：88 894平方米
设计时间：2010年07月
项目状态：方案
设计单位：广州亚泰建筑设计院有限公司
主创设计：王成
参与设计：郑雷均、严承欣、李万晓、戴文锋、陈权生
获奖情况：2011年第八届中国人居典范建筑规划设计方案竞赛
　　　　　建筑设计金奖

　　建筑风格上采用现代简洁的设计手法，整体方盒子采用层次划分，错位布置。框内线条的错位布置，使立面简单明快，造型上尽量减少玻璃及放弃转角窗的使用，既节省造价，又环保节能。

　　住宅区整体规划采用集中式布局，不仅满足退缩间距要求，又为住户提供更多的活动空间。三栋住宅楼既能统一设计又可分开管理，比分散式更合理，拥有更高的使用率。

　　学校以营造宁静的教学环境，谦让、内敛的文化氛围为主题思想，吸纳现代、简洁、朴实的设计手法，构筑人性化、生态化、现代化校园。以传承岭南文化特色为依托，结合传统园林的围合与半围合庭院景观空间，保证功能上采光、通风的最大满足。

　　空中花园的意义在于：为市民创造一个更具新意的活动空间，增加城市自然因素，达到保护和改善城市环境，健全城市生态系统，促进城市经济、社会、环境的可持续发展，树立良好的城市形象。

首层架空

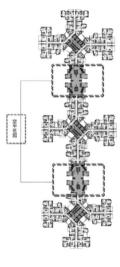

空中花园

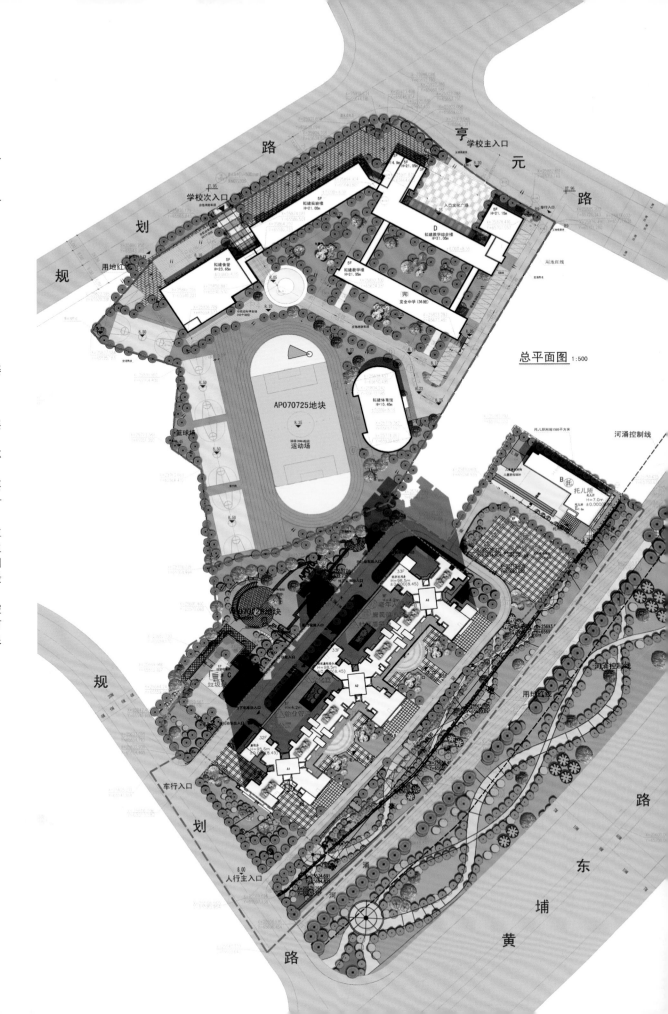

总平面图 1:500

JIANGXI QUANNAN PEARL TOWER

江西全南明珠塔

项目业主：全南县人民政府
建设地点：江西 全南
建筑功能：标志性建筑物
用地面积：8 936平方米
建筑面积：4 500平方米
设计时间：2010年12月
项目状态：建成
设计单位：广州亚泰建筑设计院有限公司
主创设计：王成
参与设计：李万晓、陈冉、孙凯、戴文锋、严承欣

　　建筑师在设计手法上，以全南和明珠两个点作为切入点，通过引用"全"字的古典写法和艺术的夸张，形成一个双手托起明珠的建筑造型，再辅以中国传统的格栅和回文的元素，使整个塔形成一种传统与现代结合的建筑形象。

　　塔顶是以一颗玻璃圆球作为明珠的具体的建筑形象，以其熠熠生辉的光芒照耀着全南大地。明珠以下，以全南的"全"字作为建筑造型，形成全南人们以劳动的双手托起明珠全南的概念。

造型分析

HUANGPU MARITIME MUSEUM

黄埔海事博物馆

项目业主：广州市黄埔区文化广电新闻出版局
建设地点：广东 广州
建筑功能：图书、阅览
用地面积：35 738平方米
建筑面积：19 900平方米
设计时间：2013年
项目状态：在建
设计单位：广州亚泰建筑设计院有限公司
主创设计：王成
参与设计：李万晓、陈冉、戴文锋、王展鹏、严承欣

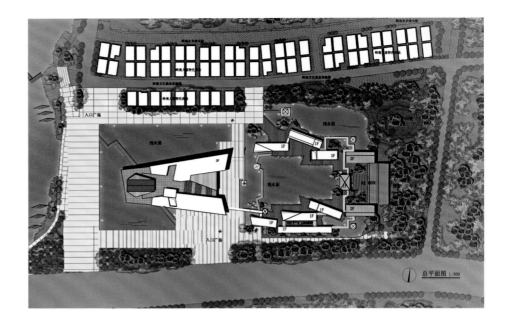

设计理念一：海事是人与海所发生的事，海事中主要体现中外交流，所以在建筑设计上，建筑师体现了海事中外交流的特性，形成一种中外合璧，贸易和谐交融的含义。

设计理念二：标志性，在展览空间与结构上的不可复制性，巧妙地用码头特有的吊臂、台架等，结合声光电互动展示区，既有光色动感又使其在内部和外部感观上有特殊的感受，且与电视塔、海心沙的灯光效果互动。

设计理念三：时代感，用富有时代感的现代工业元素和港口码头题材，满载商品的货船及刚硬的线条将斗拱和挑梁再现，彰显广州商贸的繁荣。

设计理念四：风俗文化，南海神庙历来有出海商船到此祈祷平安的传统风俗，且以之为中心形成了水乡文化，南海神庙及周边古建筑上留下了许多海事发展中中外文化交流的语言印记，公祠、祠堂上的石雕、飞檐等，波斯文化水叶子、卷纸草等，都是古代人飘洋过海到国外见到后回到当地，把国外一些文化表现在建筑上的中外文化交融的产物。

设计理念五：趣味性，结构空间与互动相结合，声光电的海事文化展览、全真模拟驾驶舱、真船拉帆和水手生活体验等，增加趣味性，以吸引游客多次参观，为日后经营做好伏笔。

设计理念六：节能环保，四收一排，太阳能光点板的利用，为日后博物馆管理降低成本。

设计理念七：参观流线的多样化，避免枯燥无味。参观流线与室外大台阶的结合，营造码头文化，勾起人对乡土建筑及装饰的眷念情感。

设计理念八：传承岭南建筑文化。

设计理念九：栈桥概念，即在桩上或墩柱上设置梁板系统而组成的连接码头与陆地的排架结构物。

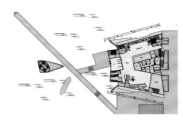

首层平面图

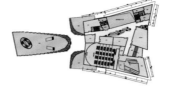

夹层平面图

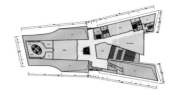

二层平面图

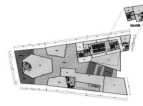

三层平面图

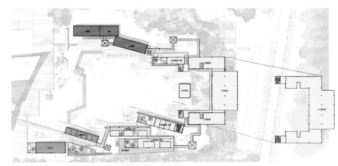

岭南文化园平面图

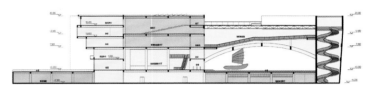

剖面图

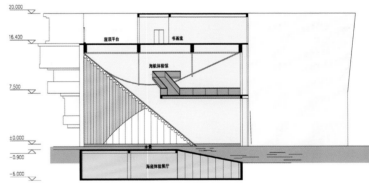

1—1剖面图

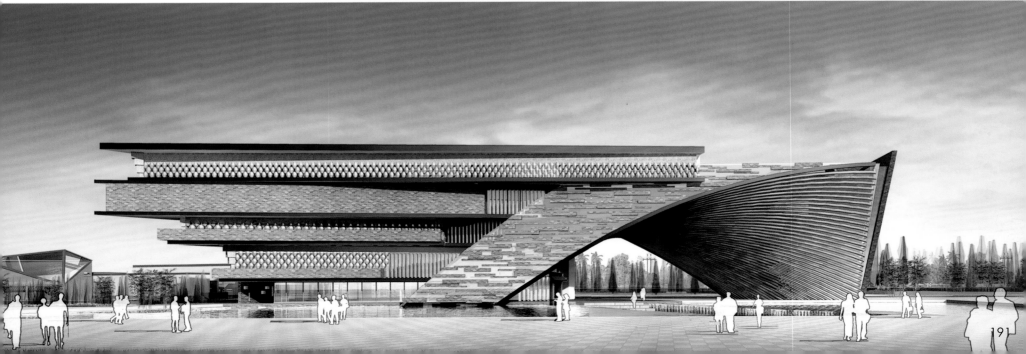

ARCHITECTS

王雪然

出生日期：1971年11月
职　　务：分院院长/副总建筑师
职　　称：国家一级注册建筑师
　　　　　教授级高级建筑师

教育背景
1989年—1994年　重庆建筑工程学院/建筑系/学士

工作经历
1994年至今　温州市建筑设计研究院
　　　　　　上海瓯讯建筑设计有限公司

1994年，在重庆建筑工程学院建筑系完成5年的建筑学专业后，建筑师来到综合性建筑设计院开始建筑设计工作。多年来，积累了广泛的工程经验，主持的项目涉及大型城市综合体、办公建筑群、五星级酒店、大中型居住区、都市城市设计、大型复杂工业厂房、大型市场等多个领域，具有极强的设计能力及组织经验，多次在全国性、国际性设计招标中中标，多个项目获省钱江杯奖，新桥山水居社区获2006城市典范奖，中弛香蜜湖获2010全国人居经典建筑规划设计方案规划建筑双金奖。

曾与多个国际设计机构合作项目，具备宽阔的设计视野和优秀的管理沟通能力。擅长从多维的角度思考建筑的生成，从项目策划、概念规划到项目实施，为城市、发展商、使用者创造共赢的多元价值。

地址：温州市鹿城区垟儿路71号
　　　上海市闸北区广中西路757号多媒体大厦8楼E座
邮编：325003　　　　　200072
电话：0577-88832451　　021-51750561
传真：0577-88822645　　021-51750562
电子邮箱：wxr0577@126.com

温州市建筑设计研究院是浙南地区成立最早、规模最大的甲级综合建筑设计单位拥有专业技术人员400多名。设计院以建筑设计行业为主体，下辖6家子公司，即浙江华卫智能建筑技术有限公司、温州建苑施工图审查咨询公司、温州市建衡工程造价咨询有限公司、温州市建设监理有限公司、温州市建正节能科技有限公司、上海瓯讯建筑设计有限公司。设计院设计实力雄厚，近年来获得国家、省、市级一、二、三等奖100多项。

2012年设计院在上海成立上海瓯讯建筑设计有限公司，强化创新型的建筑设计，并利用目前建筑行业最先进的BIM(Building Information Modeling)技术进行协同和集成化设计，在提高设计全过程质量、提升多方沟通效率的同时，也为项目施工过程中的成本控制、质量控制和后期运营维护提供有力保障。公司立足上海，辐射全国，吸引了一批国际型的建筑人才加盟。公司在设计产品与国际最新理念接轨的同时，充分发挥国内专家的技术和经验优势，用最人性化的方式，给顾客带去最贴心的设计咨询服务。

BINJIANG PLAZA PROJECT PHASE I

宾江广场一期工程

项目业主：温州市木材集团有限公司
建设地点：浙江 温州
建筑功能：商业、办公
用地面积：36 489平方米
建筑面积：175 426平方米
容 积 率：3.5
设计时间：2012年6月
项目状态：在建
设计单位：温州市建筑设计研究院
设计团队：王雪然、Reja、邵凯鸿、陈俊

本工程为大型商业、办公综合体，设计构思以环状
弧形串联建筑与公共开放空间，形成广场包裹建筑的有
机图底关系。弧形流线分割出大小不一的广场，提供尺
度更具亲切感的休闲活动空间。南北公共开放处广场做
下沉式，使整个基地形成错落有致的立体景观。

ZHONGCHI · XIANGMI GARDEN

中驰 · 香蜜园

项目业主：丽水中驰职业发展有限公司　　建设地点：浙江 丽水
用地面积：163 895平方米　　　　　　　建筑面积：376 762平方米
容 积 率：1.6　　　　　　　　　　　　设计时间：2011年04月
项目状态：在建　　　　　　　　　　　　设计单位：温州市建筑设计研究院
主创设计：王雪然　　　　　　　　　　　参与设计：周聪、郑熙、罗弼、汤巧扬

生态丽水蕴含的是山水之间的魅力。当我们享受过平原的开阔，江景的壮丽后，我们渴望"仁者爱山"的情怀。坡地那拾级而上的情趣，带给我们的不仅仅是一种简单的景观要素，更是人们对固有生活形态的再创造，让居住的生活乐趣充满在住所的每一个角落。

我们尊重并保留了现有地形的自然风貌，强化和突出了地块的自然优势，创造出一个个性鲜明、场地空间变化丰富的坡地住宅生活的典范。在这个城市，设计让我们拥有独特的生活时光。

PANQIAO INTERNATIONAL LOGISTICS BASE 1-03B SITE PROJECT

潘桥国际物流基地1-03B地块工程

项目业主：温州交通运输集团
建筑功能：现代物流
建筑面积：120 464平方米
设计时间：2013年04月
主创设计：王雪然

建设地点：浙江 温州
用地面积：60 232平方米
容 积 率：2.0
设计单位：温州市建筑设计研究院
参与设计：邵凯鸿、郑鹏飞、陈俊、王雨霏

本工程为国际物流基地，其功能主要分为物流商务和物流仓储，物流商务包括物流商务办公楼（含交易大厅）、综合配套、商务酒店。

我们的设计理念是追求国际物流基地的内在精神需求：聚集、流通、高效。在总平面设计上以理性的空间形态去串联各个功能区块，以保证整个基地合理、高效的运作。在体块设计上以货流的聚集性形状来隐喻我们内向、聚集的精神需求。在立面设计上建筑形成鲜明的组群形象，采用现代主义风格的简洁立面造型，以变化的天际线展现建筑的流动性。

DONGTOU DONGPING AOTSAI VILLAGE DEVELOPMENT SITE

洞头县东屏街道岙仔村开发地块

项目业主：温州市冶金房地产开发有限公司　建设地点：浙江 温州

建筑功能：度假型酒店、度假型住宅　用地面积：88 554平方米

建筑面积：153 650平方米　容 积 率：1.3

设计时间：2012年03月　设计单位：温州市建筑设计研究院

主创设计：王雪然　参与设计：周聪、郑鹏飞、林杰海、王雨霏

本项目以洞头旅游度假产业的第二次升级为契机，围绕"精品酒店的配置+度假村的享受+家的闲适"三个主题，将环岛路东部区域打造成集休闲度假、商务旅游、高档住宅于一体的山海休闲旅游度假住宅区。建筑依山而建，联排别墅层层退台，每户均能有较好的海景视线，每组通过集中交通体及室外楼梯解决竖向交通问题。

建筑整体造型结合平面功能，整体中见变化，获得高贵宜人的建筑形象。通过古典与现代美的结合，以体现高品质和尊享的厚重感。裙房主要立面采用虚实结合的处理手法，局部采用了分层错进的形式。

OUJIANG ESTUARY HEADQUARTERS CONCEPTUAL DESIGN

瓯江口总部基地概念性设计

项目业主：瓯江口新区管委会　　建设地点：灵霓半岛空港服务区
建筑功能：总部基地　　　　　　用地面积：324 668平方米
建筑面积：415 100平方米　　　 设计时间：2012年01月
设计单位：温州市建筑设计研究院　主创设计：王雪然
参与设计：陈俊、周聪

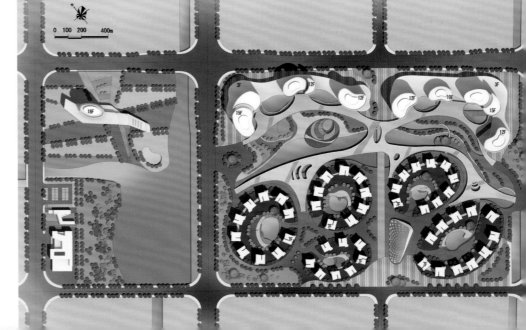

本方案为办公空间集聚的总部基地提供设计理念，主要思考三方面内容：如何满足现代企业发展模式；如何为现代白领提供人性化办公场所；如何体现地域性建筑文化。设计整体定位为：集群式、复合型、多功能、生态化的"低密度花园"，满足不同规模企业在不同发展阶段的办公需求。园区内规划功能完善的商业、餐饮、娱乐等服务配套设施，满足人性化的物质精神需求。建筑布局错落有致，景观水系与树状人行系统贯穿整个园区，打造出山水城市的地域性建筑特色。建筑形体呈曲线变化，强调空间轮廓的节奏感和秩序性，给人以强烈的场所感。多栋低密度办公楼围合成组，底层平面互相连通，形成具有强烈的场所感的建筑集群。

北京东方华脉工程设计有限公司
星源传统建筑设计研究中心

王学军

出生年月：1971年
职　　务：总建筑师/经理
职　　称：工程师/国家一级注册建筑师

教育背景
1990年—1994年　青岛理工大学/建筑学/学士
1999年—2002年　清华大学/建筑工程/硕士
2009年—2010年　汇才国际管理技术
2013年—2014年　清华大学/总裁研修中心

工作经历
1994年—1999年　国贸工程设计院/主创建筑师
1999年—2000年　美国VBN建筑设计公司/项目负责人
2000年—2007年　北京华特建筑设计公司/设计总监
2007年至今　　　北京东方华脉工程设计有限公司/总建筑师、合伙人
　　　　　　　　星源传统建筑设计研究中心/设计总监、负责人

主要设计作品
规划及城市设计
陕西汉中中央大道城市设计
恒大世界风情旅游城
珠江国际城分钟寺项目规划
山东莱芜高新区中心区城市设计
莱芜雪野旅游区北岸新镇
生态软件园规划
莱芜鲁中大街城市设计
长勺路城市设计
山西朔州总部基地

居住区规划及住宅
北京和平门危改小区
北京密云长安甲区住宅区
北京百万庄危改工程
北京密云穆家峪生态度假别墅区
山东烟台东口住宅区、山东莱芜安泰悦府
莱芜泰钢集团安泰首府居住区
莱芜同心家园
莱芜博雅馨苑
潍坊别墅区
山东泰安天合鑫城
呼和浩特东河南店规划设计
河北沧州万泰丽景住宅区

公共建筑
办公：贵阳乌当区行政中心
　　　江西德兴供电大厦
　　　烟台开发区公路大厦
　　　北京西三旗金燕龙科贸大厦
　　　威海邱家集团办公楼
文教：内蒙古阿拉善职业技术学院
　　　山东莱芜职业技术学院
　　　河北泊头三井文化园
　　　山东莱芜文化中心
酒店：游艇俱乐部(五星级)
　　　秦皇岛黄金海岸酒店
　　　盛泰名人高尔夫酒店施工图
综合：北京人大常委会综合楼
　　　新华社食堂综合楼
　　　承德商业综合体
　　　山东莱芜会展中心
　　　莱芜泰山盛世嘉园商业广场
　　　金地凯旋城商业街
　　　呼和浩特太古广场

传统街区及中式建筑
辽宁兴城古城外商业街
山海关东罗城旅游度假园
宁夏固原宋家巷旧城改造规划
河北正定古城南关改造规划
山东台儿庄古镇街区概念规划
恒大世界风情旅游城
河北山海关古城大街改造项目
荣获：2007年建设部创新风暴和谐社区示范奖
　　　中国地交会特色古建规划与设计金奖
荣获：2009年第九届中国人居典范建筑规划设计竞赛中国人居典范最佳设计方案
　　　金奖
陕西榆林府州古城保护规划项目
荣获：2012年第九届中国人居典范建筑规划设计竞赛最佳规划设计金奖

学术研究及获奖情况
1997年　首都规划委员会优秀住宅方案设计优良奖
2003年　北京大兴区人民政府"新农村 新居民"住宅设计特等奖
2006年　CCTV点亮空间民居设计获全国十大优秀设计师
参编：《小城镇规划设计丛书》
编著：《新农村住宅设计与营造》
论文：《走向新住区——北京城市住区形态探讨》

　　北京东方华脉工程设计有限公司成立于1999年，2007年进行设计团队资源整合，并重新扩充组建，具有建设部颁发的建筑工程设计甲级资质，规划设计乙级资质并已通过ISO 9001：2000质量体系认证，已成为国内建筑界有影响力的综合性股份制工程设计公司。

　　公司设有规划、建筑、结构、电气、暖通、给排水、古建、园林、室内装饰、环境艺术、工程咨询等多个专业，是专业齐全、业务素质高、实践经验丰富、服务意识强的建筑设计与工程咨询类型的科技服务型企业。公司拥有青岛、西安、沈阳、成都等分公司及多个设计部门，共有员工500多人，其中逾70%具有中、高级技术职称。技术人员中有研究员3人，国家一级注册建筑师10人，一级注册结构师8人，并有暖通、给排水、电气、环境艺术等各专业高级工程师。公司领导层由多名资深建筑师及专业人士组成，技术背景雄厚。公司总工办由经验丰富的各专业资深专家组成，负责建筑工程设计各专业的技术指导和审查。每个设计部门各有专长领域，都可作为团队事务所对外、对内分工合作，资源共享。

　　公司的业务范围涵盖城市规划（总规、城市设计、控制性详规、修建性详规等）、居住区规划（住宅、别墅、公寓等）、公共建筑（城市综合体、办公、商业、教育、医疗、酒店等）、中式传统建筑（古建筑、仿古建筑等）、园林景观设计、室内设计、项目前期策划及可行性研究等方面，至今已完成数百万平方米的工程设计任务。在发展中我们强调创新与经验的融合、技术与科研的结合。客户遍布国内多个省市，既有政府部门、大型国企，也有大型房地产开发企业、私营企业等，都与我们建立了长期的业务关系。

　　公司紧跟世界建筑潮流，力争把最新理念和技术运用到实践工程项目中，把中国特色的建筑推向世界，与国际接轨。公司非常注重国际间的交流与合作，在与国际知名建筑设计公司和设计所的合作过程中，注重学习国外的先进设计理念和设计流程，不但在创作思路上有了新的认识，在设计管理工作上也得到了很大的启发，开阔了眼界，积累了经验。

　　东方华脉的发展遵循三个原则：
　　（1）设计创新，为生活、工作空间注入新活力；
　　（2）设计模式，专业化、精细化、一体化，精益求精，把每个项目做到极致、唯一；
　　（3）为客户提供物超所值的外围服务和现场服务。

研究机构
　　星源传统建筑设计研究中心，拥有一批知名专家和传统建筑专业设计人员，近年承接了大量中式建筑设计及旧城改造工程，在古建筑、仿古建筑、新中式建筑设计研究方面积累了丰富的经验，在传统建筑设计界具有一定知名度和影响力。
　　研究中心作为公司的专业创作研究机构，致力于把中国传统建筑风貌与现代工艺、功能有机结合，挖掘和弘扬传统建筑文化，为中式建筑走向世界尽一点儿微薄之力！

地址：北京市海淀区中关村南大街
　　　甲56号方圆大厦14层
电话：010-88029902
传真：010-88026812
电子邮箱：51501299@163.com

北京东方华脉工程设计有限公司
网址：www.chinahumax.com

星源传统建筑设计研究中心
网址：www.chinaxingyuan.net

SHUOZHOU ABP

朔州总部基地

项目业主：山西金海洋房地产开发有限公司
建设地点：山西 朔州
建筑功能：办公、商业、公寓
用地面积：456 000平方米
建筑面积：526 209平方米
设计时间：2012年09月
项目状态：在建
设计单位：北京东方华脉工程设计有限公司
主创设计：王学军

山西朔州总部基地，位于老城区西部，地块南临南垣街，西临西环路，北面是朔州市森林公园，东面是一条宽30米的规划路。无论是从地理位置、自然环境，还是从文化传统在当前的发展形势看，朔州总部基地都有着强有力的发展机遇。力求通过规划总部基地进一步发掘和促进这些优势和机遇。

项目由总部办公楼、SOHO、公寓、商业配套、展示中心和EVA办公系统6种形态的总部基地建筑类型组成，将成为朔州市的地标性建筑之一，成为低碳、环保、健康工作与生活的示范和体验馆。

总平面图

SHUOZHOU OLD CITY RECONSTRUCTION

朔州老城

项目业主：山西金海洋房地产开发有限公司
建设地点：山西 朔州
建筑功能：商业步行街、中式住宅、四合院、宾馆、餐饮娱乐、会馆、办公、会议等
用地面积：634 100平方米
建筑面积：803 700平方米
设计时间：2009年01月
项目状态：建成
设计单位：北京东方华脉工程设计有限公司
主创设计：王学军
参与设计：才广、冯玉春、崔少华、李倩
获奖情况：2009年第六届中国人居典范建筑规划最佳设计方案金奖

项目设计体现四大理念：历史理念、生态理念、人文理念、发展理念。

1. 历史理念

延续古城肌理，保护旧城格局，再现旧城文化，体现雁北民居空间特色，创造历史文化内涵丰富的住区空间，打造与古城历史文化、四合院商住、市井文化相协调的城市社区。布局体现传统文化：

（1）天圆地方——方正 围合 天人合一；

（2）九宫格——井字形、棋盘式；

（3）古代城郭——匠人营国。

2. 生态理念

以绿脉为先导，人、城、自然和谐共生，将自然导入城市，建立绿、城相互交织的生态网络。

3. 人文理念

塑造人文意境与本土特色相结合的现代化社区。

4. 发展理念

开放的城市结构，塑造符合现代生活要求的城市生活空间。

旧城空间环境的规划设计，强调整体性和序列感，注重各个功能空间的整体和谐与景观结构的有机构成，充分利用现有历史资源和自然资源，结合旧城原有的空间秩序和需要恢复的历史遗迹，通过用地布局形成景观轴线，对建筑群按空间构图原理进行有序布置，形成具有地标性和个性的场所。建筑形式与风格的总体设计以辽、金、明、清地方建筑风格为主。

中式多层住宅

联排庭院住宅

"L"形合院住宅

叠拼庭院住宅

SHANDONG LAIWU CULTURAL CENTER

山东莱芜文化中心

项目业主：莱芜市规划局
建设地点：山东 莱芜
建筑功能：文化建筑
用地面积：243 000平方米
建筑面积：26 500 平方米
　　城市规划展示馆：5 500平方米
　　群艺馆（美术馆）：11 000平方米
　　博物馆：10 000平方米
设计时间：2011年05月
项目状态：建成
设计单位：北京东方华脉工程设计有限公司
主创设计：王学军

　　项目建设地点位于山东省莱芜市苍龙泉大街以北、马鞍山路以东、龙潭东大街以南、凤凰路以西。建筑由城市规划展示馆、图书馆、群艺馆（美术馆）、科技馆（青少年活动中心）、博物馆、大剧院、市工人文化宫七部分组成，为莱芜市重点工程，建成之后已成为莱芜市的地标性建筑。

　　随着精神意识的加强，人们对项目建设的发展要求从单一功能的需求扩展到了对整体环境和文化的需求，因此在本建筑设计过程中，首先分析了地块的整体环境，明确了各建筑物的功能及其在广场中的地位。环境上力求塑造一个具有文化内涵、相互协调的文化建筑群。

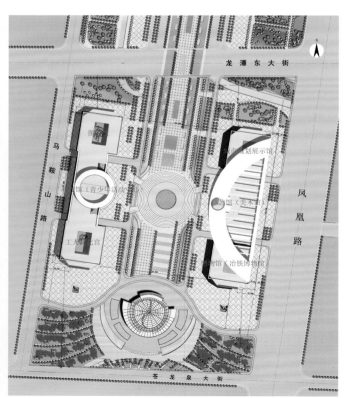

SHANDONG LAIWU YUKINO LAKE YACHT CLUB

山东莱芜雪野湖游艇俱乐部

项目业主：山东环视旅游开发有限公司
建设地点：山东 莱芜
建筑功能：酒店
用地面积：50 000平方米
建筑面积：24 719平方米
设计时间：2009年07月
项目状态：建成
设计单位：北京东方华脉工程设计有限公司
主创设计：王学军

　　项目位于山东省莱芜市雪野旅游区，定位为新中式风格五星级酒店。

　　项目所处的地理位置十分优越，旅游资源丰富，景色秀美，地势平坦。设计充分利用用地的地势及临水性，利用并保护旅游资源，结合用地现状，将主体建筑布置在水边，充分满足人的亲水性，建筑南侧结合建筑布置广场，用地东侧布置贵宾码头，西侧布置大众码头，以满足不同客人的需求。

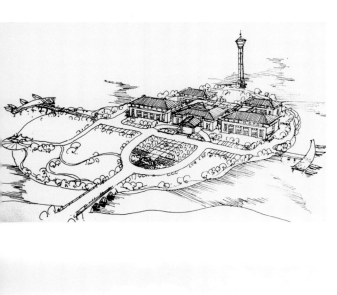

CANGZHOU SHENGTAI CELEBRITY HOTEL (CONSTRUCTION DRAWING DESIGN)

沧州盛泰名人酒店（施工图设计）

项目业主：河北盛泰集团有限公司
建设地点：河北 沧州
建筑功能：五星级酒店
用地面积：45 000平方米
建筑面积：34 080平方米
设计时间：2010年
项目状态：建成
设计单位：北京东方华脉工程设计有限公司
主创设计：王学军

沧州盛泰名人酒店位于沧州渤海新区中捷产业园区核心位置，地处环渤海京津冀经济圈，邻近黄骅综合大港，是一座以养生、休闲、高雅为概念的豪华温泉酒店。30万平方米的水景面积，68万平方米顶级别墅社区与千亩高尔夫球场翠景交错环绕，和谐有机地融为一体，风光无限，闹中取静，使人充分感受大自然的馈赠和休闲生活。酒店主楼共6层，客房总数176套，中餐厅以国宴官府菜、鲁菜、本地海鲜为主营菜系，地道的欧式西餐厅和东南亚式的瑞廷风味餐厅，让客人真正领略到在世外桃源度假的感觉。433平方米中空无柱的会议室可同时容纳300人开会及260人用餐，并配有7个设计风格迥异的中小型会议室。9 800平方米亚热带雨林风格的温泉水世界，室内外设有近40个大小各异的温泉池。

ANTHAI HYATT HOUSE

安泰悦府

项目业主：山东泰钢集团有限公司
建设地点：山东 莱芜
建筑功能：居住区、养老公寓
用地面积：210 210平方米
建筑面积：475 357平方米
设计时间：2014年07月
项目状态：在建
设计单位：北京东方华脉工程设计有限公司
主创设计：王学军
参与设计：韩春平

设计理念

新中式风格——齐风鲁韵。

新中式风格与本案周边环境比较协调统一，又有独特的文化味道，历史感强，又不失现代人的审美理念，通过传承东方神韵打造新中式风格的齐宅鲁院与景观园林。

园区组团分割采用了中国古典美学的设计手法——门中门、园中园、水中岛、岛中塘。

在入户的层次上采用：大门（王府式）、坊门（牌楼式）、院门（广亮 如意）三重递进仪式，体现中国传统大户人家的门第感，更造就了良好的私密感。

风水格局——四水归堂。

规划布局

一岛：桃花岛
一园：园中园
三环：环形健身步道、环形机动车道、环形景观水系
五坊：颐和坊、流云坊、幽竹坊、隐逸坊、忆韵坊

万志刚

出生年月：1980年07月
职　　务：设计总监
职　　称：国家一级注册建筑师

教育背景
1998年—2003年　南昌大学/建筑学/学士

工作经历
2003年—2006年　中建国际设计顾问有限公司
2006年—2011年　上海日清建筑设计有限公司
2011年至今　　　上海致逸建筑设计有限公司

主要设计作品
金地上海天御
金地绍兴天玺
金地常州天际
金地杭州天逸

朱 煜

出生年月：1977年12月
职　　务：设计总监
职　　称：国家一级注册建筑师

教育背景
1995年—2000年　华中科技大学/建筑学/学士
2000年—2003年　华中科技大学/建筑学/硕士

工作经历
2003年—2004年　新加坡RDC
2004年—2007年　新加坡CPG
2007年—2011年　上海日清建筑设计有限公司
2011年至今　　　上海致逸建筑设计有限公司

主要设计作品
重庆万科照母山半山会所
重庆鹏汇星耀天地
珠海华发新城五期
大连星光耀广场

致逸设计是一家为地产公司提供专业技术服务的建筑设计公司。

先后为众多大型地产公司在全国各地的上百个建设项目提供了卓越的专业技术服务，获得了一致好评及诸多专业奖项，并与多个上市地产公司成为战略合作伙伴，在业内创造了良好的口碑。

在纷繁复杂的世界上 我们追求心态的温和
在急速奔驰的喧嚣下 我们追求构筑的精确
在奢华繁复的细节中 我们追求生活的演绎
在千变万化的表皮外 我们追求情感的交流
于作品 致精
于生活 致逸

GEEDESIGN
致 逸 设 计

SHAOXING GEMDALE ROYAL SEAL

绍兴金地天玺

项目业主：金地（集团）股份有限公司
建设地点：浙江 绍兴
建筑功能：住宅
用地面积：90 000平方米
建筑面积：310 000平方米
设计时间：2010年03月
项目状态：建成
主创设计：万志刚
参与设计：金晓芸、熊肖俊
合作单位：上海日清建筑设计有限公司
　　　　　中国联合工程公司

　　作为金地"天系"的高端豪宅作品，金地天玺首创享受型大平层豪宅，为绍兴高端别墅之后的终极享受。对话坂湖，对话绍兴，现代立面与古典建制相映成趣。

SHANGHAI GEMDALE GREAT MANSION

上海金地天御

项目业主：金地（集团）股份有限公司 建设地点：上海 徐泾
建筑功能：住宅 用地面积：90 000平方米
建筑面积：160 000平方米 设计时间：2009年08月
项目状态：建成 主创设计：万志刚
参与设计：金晓芸、熊肖俊
合作单位：上海日清建筑设计有限公司
中国建筑上海设计研究院有限公司

金地天御地处上海西郊板块，距上海虹桥国际机场6千米，距人民广场18千米，项目左拥赵巷高端别墅区，右据虹桥国际大枢纽，交通出行快速便捷。

项目是金地集团天字一号作品，4+1层原创平墅，8层至12层精装平层官邸，由北向南，高低错落排列，精心构筑的宫廷花园、自然田园、私家庭院，使社区礼仪与家庭生活完美融合。

CHANGZHOU GEMDALE SUMMIT MANSION

常州金地天际

项目业主：金地（集团）股份有限公司
建设地点：江苏 常州
建筑功能：住宅
用地面积：70 000平方米
建筑面积：200 000平方米
设计时间：2011年03月
主创设计：万志刚
参与设计：金晓芸、熊肖俊
合作单位：江苏筑森建筑设计有限公司

CHONGQING VANKE ZHAOMU MOUNTAIN CLUB

重庆万科照母山半山会所

项目业主：万科企业股份有限公司	建设地点：重庆
建筑功能：公共配套建筑、文化建筑	建筑面积：4 000平方米
设计时间：2011年02月	项目状态：建成
主创设计：朱煜	参与设计：王鑫鑫
合作单位：中机中联工程有限公司	

　　本建筑打破常规，将会所及展示功能悬挂于山崖之上。在不破坏原有植被的情况下，巧妙安排竖向交通，在满足使用功能的同时将景观资源最大化。

CHONGQING PENGHUI STAR WORLD

重庆鹏汇星耀天地

项目业主：重庆鹏汇房地产有限公司
建筑功能：城市综合体、商业、办公、居住、公共配套
建筑面积：670 000平方米
项目状态：在建
参与设计：熊文、林振方、胡姗姗、任建华、薛新、华静

建设地点：重庆
用地面积：130 000平方米
设计时间：2012年05月
主创设计：朱煜
合作单位：重庆博建建筑设计有限公司

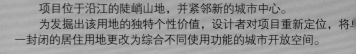
项目位于沿江的陡峭山地，并紧邻新的城市中心。
　　为发掘出该用地的独特个性价值，设计者对项目重新定位，将单一封闭的居住用地更改为综合不同使用功能的城市开放空间。

ZHUHAI HUAFA NEW TOWN (PHASE V)

珠海华发新城（五期）

项目业主：珠海华发集团有限公司　　建设地点：广东 珠海
建筑功能：居住建筑　　　　　　　　用地面积：180 000平方米
建筑面积：390 000平方米　　　　　　设计时间：2007年
项目状态：建成　　　　　　　　　　主创设计：朱煜
参与设计：戴宏伟、王海坤
合作单位：上海日清建筑设计有限公司
　　　　　珠海华发建筑设计咨询有限公司

该项目在全人工化的环境中，通过灵活的高层设计营造出自然的居住氛围，并对项目造价进行合理控制。

温韬

创始人/总监
同济大学设计创意学院访问讲师

教育背景
1997年—2002年	厦门大学/建筑学院/学士
2007年—2008年	英国建筑联盟学院（AA）/硕士

工作经历
2002年—2004年	厦门市建筑设计研究院
2004年—2007年	新加坡CPG-TSS事务所
2008年—2011年	扎哈·哈迪德建筑事务所
2011年至今	北京都市物语建筑设计咨询有限公司

林若君

设计总监/合伙人/国家一级注册建筑师

教育背景
1998年—2003年	厦门大学/建筑学院/学士
2005年—2008年	厦门大学/建筑学院/硕士

工作经历
2003年—2005年	福建省建筑设计研究院
2008年—2010年	英国阿特金斯集团
2010年—2012年	凯里森建筑事务所
2012年至今	北京都市物语建筑设计咨询有限公司

李亮

设计总监/合伙人

教育背景
1998年—2003年	华侨大学/建筑学院/学士
2005年—2008年	厦门大学/建筑学院/硕士

工作经历
2003年—2005年	福建省建筑设计研究院
2008年—2011年	北京中联环建文建筑设计有限公司
2011年至今	北京都市物语建筑设计咨询有限公司

宋驰

创意总监/合伙人
同济大学设计创意学院访问讲师

教育背景
2002年—2007年	厦门大学/建筑学院/学士
2007年—2009年	美国密歇根大学/硕士

工作经历
2008年—2009年	纽约丹尼尔里伯斯金事务所
2009年—2011年	法国AREP建筑设计公司
2011年—2013年	澳洲伍兹贝格建筑设计公司
2013年至今	北京都市物语建筑设计咨询有限公司

孙嘉伟

室内设计总监/合伙人

教育背景
1999年—2003年	北京工业大学/学士
2010年—2012年	天津大学/硕士

工作经历
2004年—2007年	北京风行国际设计联合
2007年—2008年	中国国际工程咨询公司建筑研究院室内设计所
2008年—2011年	香港LSD设计师事务所
2011年至今	北京都市物语建筑设计咨询有限公司

北京都市物语建筑设计咨询有限公司
W.h.Y-idesign Co.,Ltd

都市物语成立于2010年，是一个由新一代年轻建筑师创立的公司。这个公司集合了一群年轻并具有国际留学背景的建筑师，他们有能力把革新的设计理念运用于实际工作中，并创造性地满足客户的要求。

我们在寻找一种共同的视觉感受，让我们能创造出一系列设计策略和建筑语言，使我们的设计具有前瞻性和独创性，并充分满足客户的期待。

事务所的主创人员有丰富的海内外工作经历，这为公司带来了宝贵的经验和对国际大型项目敏锐的洞察力和掌控力。这些经验让我们能够迅速有效地将不同国际背景的设计理念结合当前当地的加工施工流程来阐述我们的设计理念和哲学。

事务所目前正经营着各种各样的项目，从小型的装饰装置到大型的城市规划设计。在设计定位方面，我们将新型计算机辅助工具与传统设计方式如草图、物理模型相结合；两种方法都是我们创造独一无二设计的灵感来源。

城市空间正处于急剧的重新配置的过程中，尤其是在中国，作为新一代的建筑师，我们观察并参与其中。北京——中国的首都，这一现象的中心，正是工作室的所在地。她为我们提供了一个近距离观察城市重建并测试我们的设计过程的机会。

我们相信存在空间法则，能够帮助我们塑造或再塑造已经存在的空间，提高空间质量并改善空间功能。规模不是项目的限制而是为空间的角色和重要程度定位的一个变化的参数，不仅在世界的各大城市如此，我们周围的空间也是这样。依靠计算机辅助工具和其他的设计方法，我们能提取出这些空间法则，将它们运用于我们的设计中，这能使我们的设计逻辑清楚、富有情感并且具有很强的功能性，好的设计同时回馈了整体空间布局，改善了现存的城市空间，产生了新的城市空间类型。

地址：北京市朝阳区广渠路36号东院红点艺术工厂212号
电话：010-67786169
网址：www.why-idesign.com
电子邮箱：whyidesign@126.com

TAMAN SARI CITY COMPLEX
Taman Sari城市综合体

项目业主：Taman Sari
建设地点：马来西亚 吉隆坡（Kuala Lumpur, Mylasia）
建筑功能：商业办公综合开发
用地面积：115 889平方米
建筑面积：529 921平方米
设计时间：2011年
主创设计：温韬
参与设计：杜宇、胡彦德、闫光远

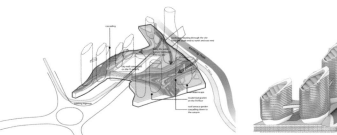
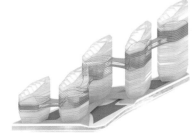

　　这个发展计划的目标是创造一个抬高地面景观的城市基质，在那之上为摩天大楼（酒店、服务部门、办公室等）提供一个起伏的平台。这个起伏的平台被提升到地面以上20米高处，人们在上面行走可以很轻松地浏览河边的景色。部分平台下沉到跟摩天大楼的裙楼一样高，这些下沉的区域创造出了多样化的空间布局，促使不同的高度之间相互影响，这些下沉的部分像一个"空"的区域环绕着大楼的裙楼部分，对于使用裙楼的人来说，其他人的活动就像一幅移动的画卷。穿行在平台上，可以看到一系列美丽的景观，绿地、河流、植物随着平台的起伏而变化。不仅控制并连接着每一栋大楼，这个起伏的平台还起着引导人流的作用，它带领人们去往商铺、餐厅和其他娱乐设施。在这个起伏的平台之下的5层高的零售和交通中心，由于这个平台的上下起伏，时而穿过裙楼，使景观与购物体验得到完美的结合。这个流动的景观基质在不同的项目间创造了一个柔软的、可延展的界面，使它们能形成一个整体，同时让这个区域区别于周围的城市肌理，给人留下更深刻的印象。

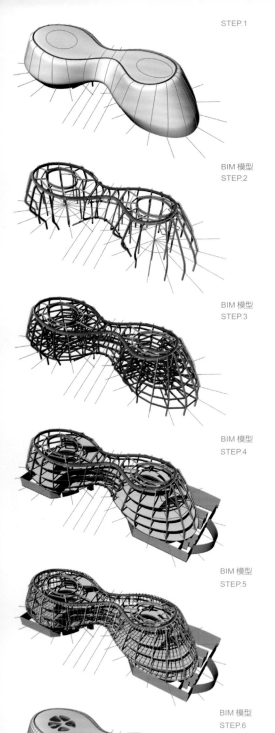

STEP.1

BIM 模型
STEP.2

BIM 模型
STEP.3

BIM 模型
STEP.4

BIM 模型
STEP.5

BIM 模型
STEP.6

BIM 模型

POPOLI COAST BOUTIQUE HOTEL

波波利海岸精品酒店

项目业主：海南龙栖湾发展置业有限公司　　建筑功能：酒店　　　　　　　建设地点：海南 乐东
用地面积：13 834平方米　　　　　　　　　建筑面积：6 863平方米　　　设计时间：2012年
项目状态：在建　　　　　　　　　　　　　合作单位：Kernel Design Group　主创设计：林若君、温韬
参与设计：杜宇、宋驰、张智

　　建筑形态以中国具有悠久历史文化传承的书法艺术形态为基本元素，将书法时而刚劲有力，时而温润娴雅的风格面貌充分融合在建筑形态的变化中，从而丰富空间形态，使其在满足基本功能以及交通流线的条件下，真正实现空间的多变性、顺畅性和韵律感。

　　建筑平面布局以中国另一具有悠久历史的太极八卦形态为基本元素，将太极八卦的彼此融合渗透、阴阳交感图形意向充分融合在建筑平面布局中，在满足基本功能条件下，使其平面布局以及交通流线更为顺畅合理， 与建筑空间形态相互更好地交融、配合。

　　建筑想采用异型钢结构建造，建筑、结构、幕墙、景观整体进行BIM建模，精确控制每个组件的尺寸、定位，提前进行碰撞检查，然后将各个组件分解，发包各个厂家进行加工、生产，再在现场组装完成。

218

CCTV EDUCATION CHANNEL STUDIO

中央电视台教育频道演播厅

项目业主：北京跃岸嘉内文化投资有限公司
建筑功能：移动舞台、演播厅
设计时间：2011年07月—2011年09月
合作单位：林海设计师
参与设计：吕华加、王志刚

建设地点：北京
项目规模：600平方米
项目状态：建成
主创设计：孙嘉伟、温韬

  该项目是一个可装卸的单元结构，可以在不同的场地搭建成演播大厅，通过使用纯熟的技巧将各种律动感很强的设计元素有机地整合在一起，使各种独具特色的青春元素有机地碰撞、交融，强而有力地诉说着青年人的青春朝气和蓬勃向上。由杜邦公司提供的人造石材料，以创新性的热融吸附工艺，将平时看起来平板易碎的材料蜕变出曲线柔美的感觉，配合LED灯带的效果，呈现出时尚炫目的特质，幻化出千变万化的梦幻效果。

NINGBO MEISHAN BAY HARBOUR TOWN SOUTH DISTRICT PROJECT

宁波梅山湾海港城南一区项目

项目业主：万年基业投资集团有限公司　　建设地点：浙江 宁波
建筑功能：商业、住宅　　　　　　　　　项目规模：16 167平方米
设计时间：2014年06至今　　　　　　　　项目状态：在建
主创设计：温韬　　　　　　　　　　　参与设计：闫光远、赵萍、孙嘉伟、李硕、孙楠、张智、杨超

　　建筑体量的灵感主要来自高尔夫球员的挥杆曲线，立面造型的灵感则来自船身木纹，层层退出的阳台类似海滩，给人一种轻松惬意的感觉。方案结合场地特殊的气质，由几条曲线自由贯穿场地来组织整个建筑的功能和体量，结合独特的景观视角形成最终的形体。场地给了建筑一个友好的环境：四面被绿色环绕，东侧可远眺港口，南侧瞭望海洋。建筑同样以和谐的姿态回应场地：前广场上密植草地和树木，屋顶花园层层错落，让来到此地度假的人们流连忘返。

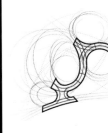

高尔夫球员挥杆的曲线在平面上自由地

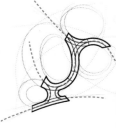

根据功能和基地情况筛选最合理的曲

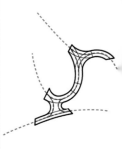

形成最终的平面造型

按照建筑功能的需要，合理布置建筑体块，生成最终体量

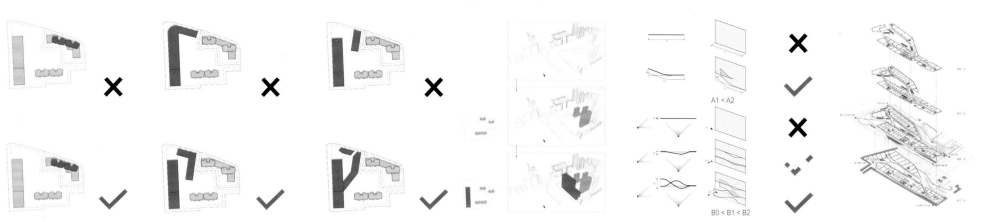

QINGDAO VANKE CENTER

青岛万科中心

项目业主：万科企业股份有限公司　　建设地点：山东 青岛
建筑功能：商业、办公　　　　　　　用地面积：18 774平方米
建筑面积：72 000平方米　　　　　　设计时间：2012年
主创设计：温韬　　　　　　　　　　参与设计：杜宇、胡彦德

　　青岛万科位于中心商务区旁边，占据交通要道，吸引了邻近街道的人流。受人流和纸张模拟的启发，零售和办公层整体被水平起伏的表面包裹，这不仅为建筑创造了一个极具动势的外形，同时聚集并引导人流穿过建筑基地。

　　这个由斜条纹组成的立面不仅为建筑提供遮阳，还使建筑表皮具有指向性，街上的人们能轻易地看到它。零售空间环绕着裙楼中的购物广场布置。道路的布置让顾客可以去往他们想去的任何地方而不误入其他功能区。垂直交通核设在建筑的中心，两个分开的垂直交通核为去往高低不同楼层的人提供有效率且互不干扰的快速交通。

　　作为此区域中的标志性建筑，青岛万科中心以充满动势又优雅的外形创造出自己独特的性格。

221

STEP.1
根据功能面积确定体量

STEP.2
日照以及视线决定东塔切角

STEP.3
日照以及视线决定西塔切角

STEP.4
日照时间决定裙房体量错落

XI'AN TONGREN CULTURAL EDUCATION BUILDING

西安同仁文化教育大厦

项目业主：陕西永泰田房地产开发有限公司西安分公司
建筑功能：商业、住宅、教育
建筑面积：108 921平方米
项目状态：在建
参与设计：张智、姜勇

建设地点：陕西 西安
用地面积：15 243平方米
设计时间：2014年
主创设计：宋驰

垂直绿化
城市越来越多的高层建筑拔地而起，其阳台和窗台是楼层的半室外空间，是人们在楼层室内与外界自然接触的媒介，是室内外的节点。

公共连桥
连廊的设计是该项目的一大亮点，不仅能够加强两个建筑的联系，在使用功能上满足更多的需求，而且在建筑风格上富于变化。

塔楼立面造型
西安曲江的水的波纹置入到立面的设计当中，将自然流畅但无序的水纹发展成抽象水纹肌理并使之有序。设计上传承了城市综合体的现代感，着力突出文化教育及文化艺术建筑的活力，在建筑尺度的把握上，公寓部分采用了波浪形式的挑檐，不仅可以提供美观典雅的空调机位，同时还能起到遮阳挡雨通风节能的效果。其语言也来自西安古老的小雁塔挑檐的形式语言，在现代形式中完美诠释古代语言。在商业裙房上，适当的墙体转折提供了适宜的户外休闲活动空间。立面上的起伏变化，也成为塔楼立面语言的延续和演绎。同时在塔楼顶部设置了清爽绿色的外部活动空间。

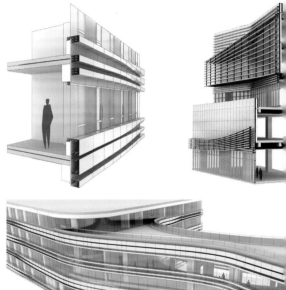

SHIJIAZHUANG SECONDARY SCHOOL TIN YUET CAMPUS

石家庄二中天悦校区

项目业主：石家庄创世纪房地产开发有限公司　　建设地点：河北 石家庄　　　　建筑功能：教育
用地面积：110 617平方米　　　　　　　　　　建筑面积：109 591平方米　　　设计时间：2014年至今
项目状态：在建　　　　　　　　　　　　　　　主创设计：李亮
参与设计：陈子彤、付晓萌、马欣

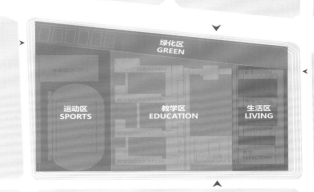

　　石家庄二中天悦校区位于石家庄市桥东区仓盛路，距石家庄火车站南2千米。学校用地约166亩（约110 666.67平方米），包括初中部和高中部，其中初中部为20轨制，高中部为8轨制，合计84班，4 000余名学生。

　　由于用地紧张，该设计希望有限的室外空间除了满足学生课余活动外，还能成为一个同学们对学生时代集体记忆的场所。因此我们布置了一个方形的庭园，庭园四周环以长廊，内部包括一个小型园艺广场和一个下沉表演空间。而校园其他所有建筑皆围绕在这个广场四周。

　　为了应对北方冬季严寒的气候以及当地目前的空气状况，我们安排了大量的室内活动空间，并将学生课余兴趣活动和作品展陈及课间休息功能赋予其中，同时在空间形态上以热情、开放的姿态融入学生们的生活中。

　　校园外墙采用传统的红砖贴面，并且在中心建筑上应用计算机手段排布出特别的图案，让校园不仅学术气氛浓厚而且洋溢着中学生们特有的朝气。

肖申君

出生年月：1977年11月	
职　　务：所长	
职　　称：高级工程师/国家一级注册建筑师	

教育背景
1996年—2001年　同济大学/建筑系/学士

工作经历
2001年—2010年　上海现代设计（集团）有限公司邢同和建筑创作研究室/主创建筑师
2010年—2011年　现代都市建筑设计院/名人所/副所长
2011年至今　　　现代都市建筑设计院/文化人居设计研究所/所长

个人荣誉
2004年包头博物馆获内蒙古自治区优秀设计一等奖
2006年奉贤图书馆获上海建筑学会佳作奖
2009年现代杯建筑原创优秀设计奖

主要作品

内蒙古包头博物馆	荣获：2004年内蒙古自治区优秀设计一等奖
上海奉贤图书馆	荣获：2006年上海建筑学会佳作奖
	2009年现代杯建筑原创优秀设计奖
邓小平缅怀馆	荣获：2013年现代杯建筑原创优秀设计奖
江西瑞金中央革命根据地历史博物馆	
新疆阿克苏博物馆	
上海董其昌博物馆	
上海嵩云博物馆	
福建省林绍良纪念馆	
上海崇明文化中心	
上海枫泾文化中心	
四川广安文化中心	
江苏省盐城图书馆	
江苏省连云港会展中心	
江苏省绿地苏州中心	

公司：上海现代建筑设计（集团）有限公司现代都市建筑设计院
地址：上海市恒丰路329号16楼文化人居建筑设计研究所
电话：021-62537735
传真：021-62560648
网址：www.udud.cn
邮箱：shenjun_xiao@xd-ad.com.cn

　　现代都市建筑设计院（简称"现代都市院或XD-AD"）是上海现代建筑设计（集团）有限公司旗下核心品牌设计公
拥有建筑、结构、机电专业等资深设计师及设计精英1 000余名，其中包括177名国家注册建筑师及注册工程师，各专业
人员占88%，高级工程师占23%。
　　现代都市建筑设计院以建筑设计为主业；在商业建筑、文化建筑、住宅建筑、医疗建筑、教育建筑、物流建筑、观
筑、体育建筑、工业及科研建筑等多项领域有着卓越的成就，同时，在BIM、绿色节能建筑、智能化建筑、建筑保护和利
建筑幕墙、复杂结构、建筑声学等方面有着丰富的工程实践和专业经验。
　　倡导原创精神和服务优先是现代都市院的企业文化和价值观。在不断更新的现代企业管理影响下，现代都市院数年的
发展获得了广泛的社会认可。

FENGXIAN LIBRARY

上海·奉贤图书馆

项目业主：上海市奉贤区文广局
建设地点：上海
建筑功能：图书馆
用地面积：13 600平方米
建筑面积：17 146平方米
设计时间：2005年
项目状态：建成
设计单位：上海现代建筑设计（集团）有限公司现代都市建筑设计院
设计指导：邢同和
主创设计：肖申君
参与设计：潘娟、贾薇、肖凡
获奖情况：2006年上海建筑学会佳作奖

　　建筑师创作了一池流淌的湖水，天然石头铺就的墙与地的记忆肌理，塑造出清晰的立体轮廓，光阴对比的建筑形态，仿佛是历史长河时空中书本的重叠，道出了时间流逝的走向，体验原生回归。用时光雕琢，用时间来展现知识的博大，创造美。图书馆内部的空间共享与流动，开放布局与互为因果引领了功能流顺、扩大分享交流的读书气氛，并在交通核心中交融空间与色彩自然的过渡。简洁的外形层次丰富的室内定位了图书馆的文化品位和品质，使奉贤图书馆在传播知识的同时传播美。

Books　　→　　Diagram　　→

Architecture

设计生成 Concept

225

DAQING PLANNING EXHIBITION HALL

大庆规划展示馆

项目业主：黑龙江省大庆市规划局　　建设地点：黑龙江 大庆　　　　　　建筑功能：展示
用地面积：29 600平方米　　　　　　建筑面积：27 000平方米　　　　　　设计时间：2009年
项目状态：建成　　　　　　　　　　设计单位：上海现代建筑设计（集团）有限公司现代都市建筑设计院
合作单位：大庆市高新技术产业开发区设计院　　　　主创设计：肖申君
参与设计：潘娟、辛东华、杨亚慧、程宇

大庆规划展示馆位于大庆市高新区，发展路北侧，教育文化中心西侧，周边有高新区管委会办公楼等建筑。规划用地面积为29 600平方米，总建筑面积27 000平方米。

大庆规划展示馆是大庆城市发展核心区域内的标志性建筑物。展示馆建筑形象的灵感来源于主展示厅方形的"盒"状立体形态与已有的博物馆、大剧院城市界面关系。总体布局中，沿环形广场的弧线形布局，尊重周边已有建筑物和环境，主体建筑采用暗红色定制斜切陶土板与周边现有建筑的材质相呼应。将"流淌在城市网格中的能源之河"的概念运用于建筑立面，用斜向的网格划分来体现城市道路的脉络，用大小不一的凹缝玻璃交接来寓意大庆"百河之城"。

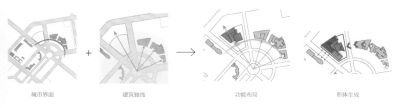

城市界面　　　建筑轴线　　　功能布局　　　形体生成

设计生成 Concept

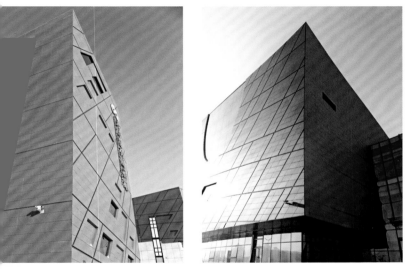

SHANGHAI RUIXIANG COMPLEX BUILDING

上海瑞翔置业综合楼

项目业主：上海瑞翔置业有限公司　　建设地点：上海
建筑功能：办公　　　　　　　　　　用地面积：2 504平方米
建筑面积：1 983平方米　　　　　　　设计时间：2009年
项目状态：建成　　　　　　　　　　设计单位：上海现代建筑设计（集团）有限公司现代都市建筑设计院
主创设计：肖申君

　　基地位于上海市浦东唐镇，唐兴路南侧，顾唐路西侧，周边有规划地铁唐镇站与唐镇东站。规划用地面积为2 504平方米，总建筑面积1 983平方米。

　　桥和路将基地的东北角围合，靠运河处地势较低，使整个基地形成北高南低的地形趋势，因此，方案设计中利用现有的围合条件和地势高低变化，使建筑整体嵌入基地中，融入城市环境。建筑物的本身即是"景观"，通过对方形体块的解构重组，寻求立面的丰富性。建筑师设计了一条视觉通道从入口广场到建筑内部公共空间的中庭再到河岸休憩平台，使建筑本身成为一处河边的"景观"。

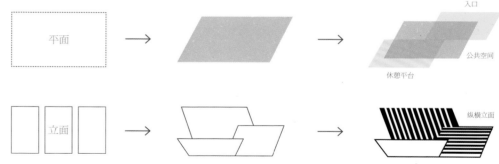

COHESION PROJECT MUSEUM

上海凝聚力工程博物馆

项目业主：上海市长宁区新长宁建设管理有限公司　　建设地点：上海
建筑功能：博物馆　　　　　　　　　　　　　　　　用地面积：7 400平方米
建筑面积：2 700平方米　　　　　　　　　　　　　　设计时间：2013年
项目状态：建成　　　　　　　　　　　　　　　　　设计单位：上海现代建筑设计（集团）有限公司现代都市建筑设计院
设计指导：邢同和　　　　　　　　　　　　　　　　主创设计：肖申君
参与设计：刘涛、方晨

　　上海凝聚力工程博物馆位于上海市长宁区中山公园。规划用地面积为7 400平方米，总建筑面积2 700平方米。

　　建筑以"凝聚、力量、雕塑感"为设计出发点，利用雕塑手法刻画建筑，使建筑整体庄重、有力、体现凝聚的力量感，力图通过建筑语言向人们充分展现党的凝聚力工程对党群关系建设的巨大推动作用。博物馆的立面采用陶土板，其材质来源于泥土，隐喻大地与群众；其色彩采用红色，象征着党的领导；其竖向肌理由建筑师特殊设计，希望通过自然粗犷的肌理进一步体现博物馆凝聚力的主题。博物馆的展示设计利用先进的技术手段，以人为中心，布局合理，强调互动与交流，在轻松的氛围中达到展示、教育和普及相关知识的目的。同时，设计具有前瞻性，满足今后可持续发展的要求。

Cohesion

Diagram

Architecture

建筑细部 Details

肖诚

出生年月：1972年4月
职　　务：董事长/首席建筑师
职　　称：国家一级注册建筑师/高级建筑师

教育背景
1999年　天津大学/建筑学院/建筑学/硕士
2011年　中欧国际工商学院/高级工商管理/硕士

工作经历
2003年至今　深圳华汇设计有限公司（HHD-SZ）

主要设计作品
深圳前海企业公馆
深圳前海特区馆
华侨大学厦门工学院
武汉·茂园
杭州湾信息港
佛山南海万科广场
南海天安中心
广州万科·蓝山
深圳万科·金域华府
深圳华侨城·燕晗山居
深圳留仙洞总部基地一街坊3标段
深圳湾超级城市国际竞赛

获得奖项
2009年亚洲建协建筑金奖
2011年世界华人建筑师协会金奖
2007年全球华人青年建筑师奖
2008年第七届中国建筑学会青年建筑师奖
2008年第五届中国精锐科技住宅奖建筑设计金奖
2008年中国勘察优秀设计二等奖
2007年詹天佑大奖住宅金奖
2006年第二届中国百年建筑奖综合大奖
……

牟中辉

出生年月：1972年12月
职　　务：董事/副总经理/执行总建筑师
职　　称：国家一级注册建筑师

教育背景
1996年　天津大学/建筑学院/建筑学/学士
1999年　天津大学/建筑学院/建筑学/硕士

工作经历
2005年至今　深圳华汇设计有限公司（HHD-SZ）

主要设计作品
西安华侨城·壹零捌坊
昆明中航·云玺大宅
贵阳保利·溪湖
成都龙湖·三千城
深圳万科·金域华府
上海万科·佘山第五园
贵阳中航·中航城
深圳华侨城·燕晗山居
深圳华侨城天鹅堡
华侨大学·经管学院

获得奖项
2009年第六届精锐科学技术奖建筑设计奖优秀奖
2011年中国人居范例方案设计优秀建筑师
2011年中国人居范例建筑规划设计方案最佳设计方案金奖
2011年世界华人住宅与住区建筑设计奖
2012年世界华人住宅与住区建筑设计奖
2013年第九届中国建筑学会中国青年建筑师奖
……

HHD

微信号：HHD-SZ
扫描二维码关注
深圳华汇设计

地址：深圳市南山区侨香路4060号香年广场C座10F
电话：0755-82507103/82509593
传真：0755-88352413
网址：www.hhd-sz.com
电子邮箱：mail@hhd-sz.com

　　自2003年始我们始终至力于建筑创意与设计服务。大型居住区、商业综合体、办公研发及文化教育类建筑设计是我们过去的主体业务，已经完成的数百件作品受到委托方和社会的广泛赞誉，这是我们的荣幸和骄傲。从2012年开始我们尝试学习并进入数字化建筑、绿色建筑、养老专题建筑设计。未来，我们将以全球化为视野、以信息化技术为依托，与我们的合作伙伴一起，为市场提供更精、更深、更多样、更灵活的建筑多元化服务。

深圳华汇的设计作品连年获得国际、国家级的重要设计奖项，获得的主要奖项包括：

2013年　全国经典建筑规划设计方案竞赛综合大奖	2013年　第九届中国建筑学会青年建筑师奖
2012年　世界华人住宅与住区建筑设计奖	2012年　世界华人建筑师协会公寓设计奖
2011年　世界华人建筑师协会金奖	2011年　世界华人建筑师协会设计奖
2011年　中国人居范例建筑规划竞赛最佳设计方案金奖	2009年　亚洲建协建筑金奖
2009年　第六届中国精锐科技建筑设计优秀奖	2008年　第七届中国建筑学会青年建筑师奖
2008年　第五届中国精锐科技住宅奖建筑设计金奖	2008年　中国勘察优秀设计二等奖
2007年　全球华人青年建筑师奖	2007年　詹天佑大奖住宅金奖
2006年　第二届中国百年建筑奖综合大奖	

SPECIAL ZONE HALL OF QIANHAI, SHENZHEN

深圳前海特区馆

项目业主：深圳万科房地产有限公司　　建设地点：广东 深圳
建筑功能：国际会议交流中心　　　　　用地面积：21 500平方米
建筑面积：10 000平方米　　　　　　　设计时间：2013年
项目状态：在建　　　　　　　　　　　设计单位：深圳市华汇设计有限公司
原创设计：肖诚

　　特区馆，集前海会展交易、新闻发布、外事接待等功能于一体，是前海的"名片"，也是前海的"客厅"，同时将成为前海的一处地标性建筑，包括交易办公面积约3 000平方米、企业办公面积约1 300平方米、会议中心约1 600平方米。特区馆南侧还设置一个约2 300平方米、14.5米高的灰空间，形成特区馆和企业馆的过渡地带，并可承接各种大型展览活动。

　　特区馆的建筑概念源自藏于石头中的钻石，整个建筑是在原石上经过人工切割的"钻石"雕塑。显露出来的部分是不同角度切割面的"钻石"，显现出晶莹剔透的建筑质感。

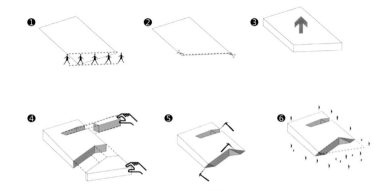

概念生成图

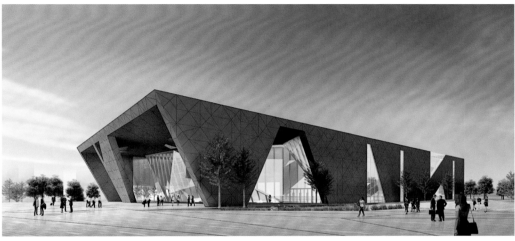

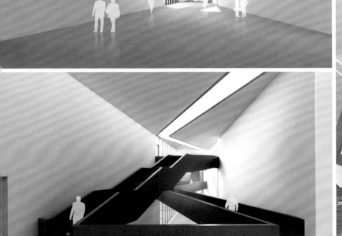

QIANHAI OFFICE PARK, SHENZHEN

深圳前海企业公馆

项目业主：深圳万科房地产有限公司
建设地点：广东 深圳
建筑功能：国际中心
用地面积：93 192.96平方米
建筑面积：44 000平方米
设计时间：2013年
项目状态：在建
设计单位：深圳市华汇设计有限公司
主创设计：肖诚

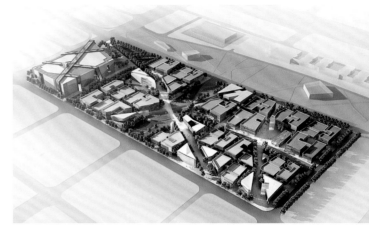

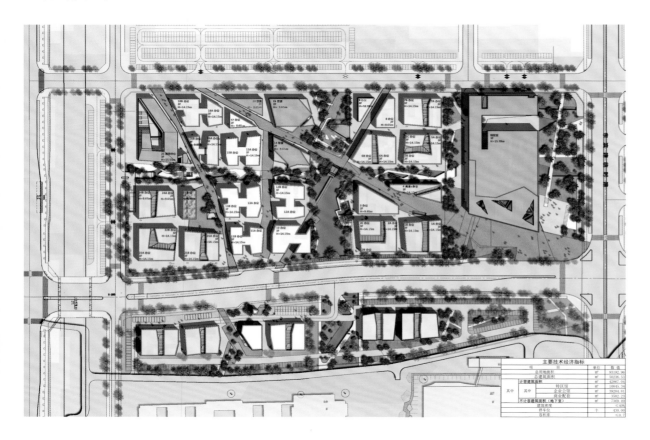

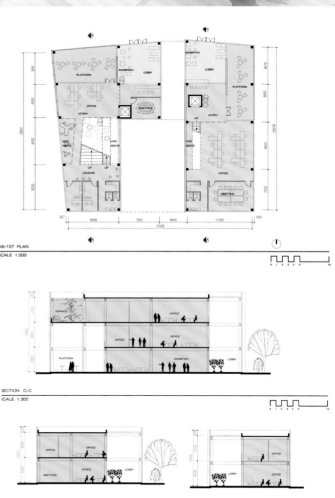

项目位于深圳市前海合作区，作为前海未来的缩影和展示窗口，规划设计以兼具逻辑性和丰富性的规划肌理力求形成前海新的城市文脉。同时通过一系列强调公共价值最大化的理念，使前海企业公馆成为现代企业充分展示其企业公民意识的平台，在新区引领新的价值体系。

VANKE PLAZA, NANHAI

南海万科广场

项目业主：深圳万科房地产有限公司
建设地点：广东 佛山
建筑功能：商业综合体、超高层住宅
用地面积：563 000平方米
建筑面积：374 000平方米
商业类建筑面积：160 000平方米
设计时间：2012年
项目状态：在建（一期工程已建成）
设计单位：深圳市华汇设计有限公司
主创设计：肖诚

　　项目位于佛山南海区桂城核心区，集办公、购物中心、商业街、居住以及地铁、公交枢纽于一体，下沉式商业街以中心下沉广场为核心，连接地铁出入口、公交始发站、购物中心、独立商业区，形成功能复合、便捷高效、复杂统一的商业综合体。

　　内部中心下沉广场与南北两侧商业入口广场形成网络化景观系统，延伸并加强了该片区城市空间的有机联系，提升城市街道空间活力。商业形体以流动、叠退、大跨度灰空间等方式营造丰富变幻的购物场所体验，商业立面以三角形为母题所形成的斜线肌理，刻画出动感、时尚、热烈的综合体形象，以塑造新的城市景观与地标。

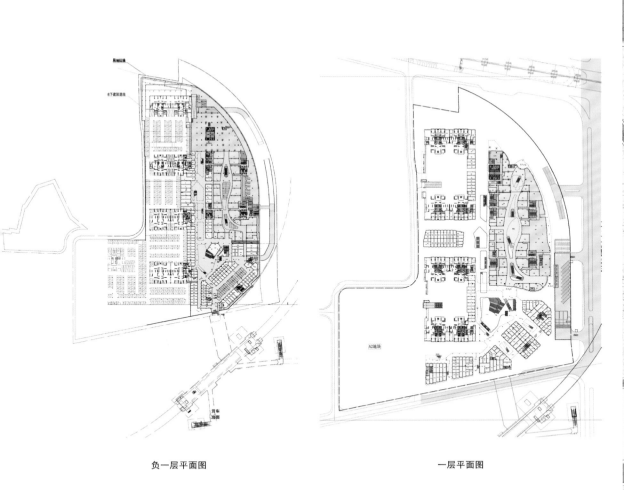

负一层平面图   一层平面图

OCT 108 LANES, XI'AN

西安华侨城壹零捌坊

项目业主：西安华侨城房地产有限公司
建设地点：陕西 西安
建筑功能：别墅
用地面积：174 400平方米
建筑面积：174 400平方米
设计时间：2010年
项目状态：建成
设计单位：深圳市华汇设计有限公司
主创设计：牟中辉
获奖情况：2013年人居综合大奖
　　　　　2012年华人住宅与住区建筑设计奖
　　　　　2011年人居范例最佳方案设计金奖

总平面图

合院地下一层平面图

合院一层平面图

　　项目在曲江休闲主题公园规划内，西临大唐芙蓉园，南望曲江池，历史人文环境独特，景观资源丰富，是曲江里的中国园墅。本方案借鉴移植古长安的城市肌理——正交坐标体系、"里坊"结构，希望通过规划表现出历史文脉与现代生活的契合点，讨论一种新型的合院模式——既是对传统空间的一种延续，同时又满足现代生活的需求。

POLY XIHU, GUIYANG

贵阳保利溪湖

项目业主：萧山经济技术开发管委会
建设地点：贵州 贵阳
建筑功能：商业、住宅
用地面积：305 870平方米
建筑面积：445 481.01平方米
容 积 率：2.3
设计时间：2011年
项目状态：建成
设计单位：深圳市华汇设计有限公司
主创设计：牟中辉

　　项目自然资源得天独厚，地块临湖而居，在贵阳这个多山少水的城市，这么一块优质的湖面难能可贵，因此在规划上，充分结合周围地形及景观资源进行设计，将项目与湖区整体有序衔接——临湖区布置低密度别墅和花园洋房，将湖岸周边尽量开敞，结合地形高低错落、交错嵌合，通过丰富的建筑形态组成极有韵律的空间序列，形成多种产品复合的山水大盘。

苗飞虎

出生年月：1971年08月

职务：现任西迪国际／CDG国际设计机构董事，
　　　设计三室总监

　　苗飞虎先生是一位设计经验丰富的建筑设计师。多年来在
建筑设计、区域规划领域有着深入的研究和丰富的成功经验，
凭借着对建筑设计本身的见解和执着的热爱及与客户深度沟通
交流的能力，在某种程度上能把设计作为一个整体进行思考，
从而满足多方诉求，结合不同的场地情况和文化特质创造出灵
动的建筑设计作品。

CDG®国际设计机构
城 市 区 域 规 划 建 筑 设 计 环 境 景 观 设 计

北京市海淀区长春桥路11号万柳亿城中心A座13层　　邮编：100089
北京市朝阳区望京SOHO T3座B单元9层　　邮编：100102
T：010-58815603/33　F：010-58815637　E：cdg@cdgcanada.com

QINGDAO PEARL
万科青岛小镇

建设地点：山东 青岛
建筑面积：300 000平方米

240

VANKE WHISTLER TOWN, ANSHAN
鞍山万科惠斯勒小镇

建设地点：辽宁 鞍山
建筑面积：430 000平方米

CFLD HAPPINESS HARBOUR MALL
华夏幸福港湾

建设地点：河北 固安
建筑面积：50 000平方米

HNA CAOTANG HILLS, XI'AN
西安海航草堂山居

建设地点：陕西 西安
建筑面积：290 000平方米

LUNENG RESIDENTIAL PROJECT IN
NANBEIKANG, JINAN
济南鲁能南北康项目

建设地点：山东 济南
建筑面积：490 000平方米

VANKE ROSEMARY, QINGDAO
青岛万科玫瑰里

建设地点：山东 青岛
建筑面积：430 000平方米

VANKE WHISTLER TOWN,
SHENYANG
沈阳万科惠斯勒小镇

建设地点：辽宁 沈阳
建筑面积：290 000平方米

VANKE WHISTLER TOWN,
CHANGCHUN
长春万科惠斯勒小镇

建设地点：吉林 长春
建筑面积：690 000平方米

杨 武

出生年月：1982年12月

职务：现任西迪国际／CDG国际设计机构董事，
　　　设计四室总监

　　杨武先生是一位有着极高天赋的设计师，多年来在建筑设计、
区域规划领域有着深入的研究和丰富的成功经验。专注于高端居住
建筑和度假酒店类建筑设计十余年。凭借对建筑设计的执着热爱、
卓越的创作能力和精准的判断力，善于结合不同项目特点创作既符
合业主需求又具有独特灵性的作品。

CDG®国际设计机构 ｜ 北京市海淀区长春桥路11号万柳亿城中心A座13层　邮编：100089
城 市 区 域 规 划　建 筑 设 计　环 境 景 观 设 计 ｜ 北京市朝阳区望京SOHO T3座B单元9层　邮编：100102
T：010-58815603/33　F：010-58815637　E：cdg@cdgcanada.com

VANKE WONDERLAND, TIANJIN
天津万科四季花城

建设地点：天津
建筑面积：500 000平方米

YONGDING RIVER PEACOCK
CITY LAKE, GU'AN
固安永定河孔雀城大湖

建设地点：河北 固安
建筑面积：200 000平方米

SHIMAO RONGHAICHENG, DALIAN
大连世茂寰海城

建设地点：辽宁 大连
建筑面积：200 000平方米

FUHUA NEW BOUND, NINGGUO
宁国富华国际

建设地点：安徽 宁国
建筑面积：1 000 000平方米

YATAI SONGSHAN LAKE, JILIN
吉林亚泰凇山湖

建设地点：吉林
建筑面积：200 000平方米

VANKE EAST COUNTY, QINGDAO
青岛万科东郡

建设地点：山东 青岛
建筑面积：570 000平方米

CIFRAD PROJECT, FIVE FINGERS MOUNTAIN, HAINAN
海南五指山中改院项目

建设地点：海南 五指山
建筑面积：130 000平方米

SINO-OCEAN DIAMOND BAY, DALIAN
大连远洋钻石湾

建设地点：辽宁 大连
建筑面积：360 000平方米

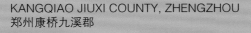
KANGQIAO JIUXI COUNTY, ZHENGZHOU
郑州康桥九溪郡

建设地点：河南 郑州
建筑面积：840 000平方米

SINO-OCEAN CANNES TOWN, CHANGCHUN
长春远洋戛纳小镇

建设地点：吉林 长春
建筑面积：240 000平方米

詹 晟

职务：设计总监
职称：国家一级注册建筑师

教育背景
1993年9月—1998年7月　天津大学/建筑学院/建筑系/建筑学/学士
2002年9月—2005年4月　同济大学/建筑城规学院/建筑系/建筑学/硕士

工作经历
1998年—2002年　天津市建筑设计院/建筑师
2005年至今　　上海三益建筑设计有限公司/设计总监

个人荣誉
第五届上海国际青年建筑师作品展二等奖
2012年国际人居创新影响力示范楼盘特别大奖

主要设计作品

宝能芜湖天地	苏州水岸清华	上海嘉定莱英郡
上实大理洱海庄园	武汉百联奥特莱斯	东营广饶名士佳园
山东中烟洪山广场	绿地无锡太湖大道	长沙万博汇名邸三期
南京世茂A1商业项目	武汉福星惠誉水岸国际	天津第十三中示范高中校
华侨大学厦门校区图书馆	上实泉州海上海项目一期	南京汤山颐尚温泉度假酒店
中山医院天马山疗养院二期	宝鸡华夏MAXMALL商业综合体	无锡苏宁环球北塘商住综合体

个人简述

　　詹晟，历经名校建筑系扎实的基本功教育、国有综合性建筑设计院严谨的职业启蒙以及研究生就读期间理论与实践的有机结合，具备了较强的设计创作能力及项目综合控制能力。在2005年进入三益中国后，先后主持嘉定莱英郡、苏州水岸清华、武汉福星惠誉、长沙万博汇名邸三期、宝能芜湖天地等数十个商业综合体及住宅项目的设计，积累了丰富的地产类项目设计经验。在房地产快速开发的大形势下，秉承对建筑艺术的不懈追求，坚持一名建筑"匠人"的职业操守，在充分理解地产项目设计与商业本质规律的基础上，勇于创新、精于细节、长于协调控制，力求使每个项目在保证设计品质的前提下快速顺利推进。

　　上海三益建筑设计有限公司创立于1984年，是全国十大民营设计机构之一，拥有700余名境内外专业设计人员，是国内最具影响力的城市综合体、大型商业地产及居住社区领域的大型设计机构。构建商业地产全产业链服务模式为公司提供了无法复制的核心竞争力。先后为几百家知名开发商，包括华润、凯德、龙湖、绿地、保利等百强地产企业，提供长期的专业设计与咨询服务，完成各类设计项目总规模逾1亿平方米，设计作品遍布全国各地。业务领域包括大型城市综合体、商业地产、大型居住社区等。

　　三益中国创作中心的TEAM2团队由30余名优秀的建筑师组成，在詹晟的带领下形成扎实稳健的作风，注重设计的逻辑思考和工程还原，完成多个大型复合型城市综合体和商业项目，已有数十个作品建成并获得业主好评。

地址：上海市愚园路1107号创邑·国际园2号楼
电话：021-62112350
传真：021-62112353
网址：www.sunyat.com

WANBOHUI MALL PHASE III, CHANGSHA

长沙万博汇名邸三期

项目业主：长沙盛和房地产开发有限公司
建设地点：湖南 长沙
建筑功能：商业、办公
用地面积：15 151平方米
建筑面积：147 701平方米
容 积 率：7.19
设计时间：2013年
项目状态：在建
设计单位：上海三益建筑设计有限公司
设计团队：詹晟、谢文博、钟成、刘艳红、胡平凡、陈超

项目位于长沙市雨花区韶山中路，雨花亭商圈的核心位置，由一栋200米超高层写字楼和三栋多层商业组成。如何处理与周边地块的关系并强化商业价值是本项目的切入点。通过对周边的影响分析将超高层写字楼设置在基地南侧，商业沿韶山路展开，用最大的沿街界面，并注重与二期商业的联动，形成开放式的风情街区。超高层写字楼通过竖向杆件的变化，形成典雅的极具韵律感的肌理。商业体量不大，在高楼林立中如何突出商业形象是商业形态设计的切入点。建筑师把中国传统文化中的"五行"概念融合在立面元素中以赋予其新的含义。商业楼栋各自形成既统一又有变化的色彩和肌理，力求沿韶山路形成视觉冲击力较强的城市商业界面，从而强化项目"城市客厅"的商业定位。

WUHAN FUXING HUIYU WATERFRONT INTERNATIONAL

武汉福星惠誉水岸国际

项目业主：武汉福星惠誉置业有限公司
建设地点：湖北 武汉
建筑功能：大型城市综合体
用地面积：80 003平方米
建筑面积：400 000平方米
设计时间：2010年—2011年
项目状态：建成
设计单位：上海三益建筑设计有限公司
设计团队：詹晟、刘启荣、施铭、谢文博
获奖情况：2012年国际人居创新影响力示范楼盘特别大奖

    项目位于武昌中心区和平大道和友谊大道之间，共有3#~6#四个地块。建筑功能包括商业、公寓式酒店和超高层住宅。设计充分关注四个地块的功能联动，通过一条"S"形动线有机联络四个地块的商业功能，将沿街商业、商业街区和集中商业紧密整合在一起，提升了零散多地块的商业聚合力。公寓式酒店根据交通和天际线的要求穿插在商业街区中，既保证了交通和功能的相对独立，又促进了公寓式酒店和商业功能之间的互动。住宅区域设置在商业价值较弱的位置，形成独立的高品质住宅区。设计采用"都市魔方"概念，整个项目基于方格网的体系规划进行设计，打造丰富的商业街区空间的同时也保证了工程的节约高效。

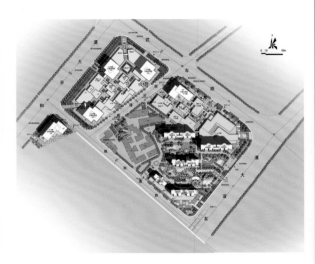

总平面图

250

BAONENG WUHU WORLD

宝能芜湖天地

项目业主：深圳市宝能投资集团有限公司
建设地点：安徽 芜湖
建筑功能：大型城市综合体
用地面积：300 000平方米
建筑面积：1 700 000平方米
设计时间：2013年—2014年
项目状态：一期建造中
设计单位：上海三益建筑设计有限公司
设计团队：詹晟、施铭、谢文博、李佑君、张红梅、蔡颖

项目位于芜湖市江北集中区启动区核心位置，是集超高层办公、大型购物中心、风情商业街、星级酒店、精品公寓等功能于一体的大型城市综合体。

项目分为南北两个地块，两栋超高层环球财富中心布置在皖江大道两侧形成地标。两个地块分别布置不同业态的大型商业购物中心，面朝和谐大道形成高端的城市商业形象。沿西侧和顺路形成休闲风情商业街，酒店、办公和公寓塔楼有序地分布罗列。整体设计用足外部景观资源，同时营造内部优质的生态环境，用以串联地块内各功能单体，打造芜湖全新的商业综合体新地标。

LAIYING COUNTY
JIADING, SHANGHAI

上海嘉定莱英郡

项目业主：上海惠格置业
建设地点：上海
建筑功能：综合住宅
用地面积：240 000平方米
建筑面积：300 000平方米
设计时间：2005年—2013年
项目状态：三期竣工
设计单位：上海三益建筑设计有限公司
设计团队：詹晟、施铭、张红梅、沈靖博

　　项目位于上海市嘉定区，包括联排、花园洋房、高层以及社区商业和公寓式酒店等。整体规划分为南北两个组团，南组团的联排别墅独创类独栋的设计格局，设计在二层以上通过南退台和北退台的交错布局，形成了丰富的外部空间形态。

　　独树一帜的三院落设计增强了居住空间与景观的融合。北组团独创一、二层四户联排，三层两户大平层的洋房户型，户户有天有地，全人车分流，整个小区舒适宜人。整个项目通过极具风情的双折坡、四坡屋顶，丰富休闲的退台，精雕细琢的门窗，细致的欧式园林布局，营造出典雅的新德式住宅区氛围。

英国UK.LA太平洋远景国际设计机构
U.K PACIFIC LONG-RANGE PLANNING & DEVELOPING DESIGN CONSULTANT LTD.

中国境内公司联系方式
地址：南京奥体大街128号奥体名座大厦F座10楼
电话：025-84739678
传真：025-87763798
网址：www.ukladesign.com
邮箱：ukla2000@126.com

张 凯

华中科技大学/建筑学/硕士
东南大学/建筑学/博士
英国UK.LA太平洋远景国际设计机构/大中华区/总裁
南京环洋远景建筑规划设计顾问有限公司/董事长
南京泛奥建筑规划设计顾问有限公司/董事长
南京当代投资有限公司/董事
杭州当代投资有限公司/董事
大庆嘉达置业有限公司/董事
宁夏久远置业有限公司/董事
兰州宏鑫房地产开发有限公司/董事

个人荣誉
中国房地产协会专家委员会委员　　亚洲建筑规划师杰出100强
中国建筑规划设计突出贡献人物　　江苏建筑规划十大影响力人物
亚洲建筑规划设计风云人物　　　　法国建筑师协会会员（20090618）
中房商协城市规划与建筑设计专业委员会委员

申丽萍

武汉大学/城市规划/学士
华中科技大学/建筑学/硕士
东南大学/建筑学/博士
美国康奈尔大学/EMBA
英国UK.LA太平洋远景国际设计机构/大中华区/董事长
南京环洋远景建筑规划设计顾问有限公司/总经理
南京泛奥建筑规划设计顾问有限公司/总经理
南京当代投资有限公司/董事
杭州当代投资有限公司/董事
大庆嘉达置业有限公司/董事
宁夏久远置业有限公司/董事
兰州宏鑫房地产开发有限公司/董事

个人荣誉
中国房地产协会专家委员会委员　　亚洲杰出建筑规划师
法国建筑师协会会员（20090619）　中房商协城市规划与建筑设计专业委员会委员
南京市六合区政协委员

　　英国UK.LA太平洋远景国际设计机构（U.K PACIFIC LONG-RANGE PLANNING & DEVELOPING DESIGN CONSULTANT LTD.）是一家英国专业设计公司，旗下设计机构遍布英国、中国香港、南京、上海和郑州。公司致力于城市与建筑的功能规划和空间设计，业务涵盖城市规划、建筑设计、景观设计、建设工程咨询等诸多领域。在设计的各个阶段，公司秉承"专业""创新"的宗旨，不断在设计作品上精益求精，近年来在实践中所展示的创造能力、先锋的设计理念和不懈的探索精神得到了公众和学术界的广泛认可，成为江苏规模最大的境外设计机构之一。

　　UK.LA的核心优势来源于其独特的多专业、多文化和国际型的主创设计师群和设计团队。公司云集了一批不同年龄、不同背景经历的设计师，他们带来了创新的设计概念和手法，先进的设计管理经验和各种文化的精华。多种文化的融合和碰撞，形成了UK.LA独树一帜的创作风格，凭借对自然、文化和经济环境的高度责任感和洞察力，UK.LA形成了"适用、和谐、创新、低碳、环保"的创新原则，满足"绿色建筑"要求，在设计理念和技术手段上不断追求更高的境界，引领时代潮流。

　　UK.LA的核心优势还来源于对卓越设计的不懈追求和坚韧探索，不论是在总建筑面积550万平方米的乌江新城的规划中，还是在郑东新区意大利格拉姆集团的超高层双塔格拉姆国际中心的建筑设计中，公司都充分分析设计任务中每个要素的重要性和整体性，根本宗旨是实现设计最优化，将城市设计、建筑设计、景观设计、生态设计交会融合，自始至终将创造性、和谐性和超越性完美统一的卓越的设计提供给客户。

　　世纪之交的中国，社会、经济、城市与建筑等各个方面均发生着巨变，资本、技术和思想领域都进行着前所未有的交流，城市空间和建筑作品必须适应这一潮流，在走向全球化的同时，必须发扬自身文化的特点，发掘本土文化的魅力。UK.LA的团队在结合世界先进理念的同时融入中国本土的建筑元素和语汇，并且一直重视与开发商和政府建立和发展伙伴关系，准确把握市场脉搏，在业务不断扩展的过程中以创新的设计和优质的服务，赢得了众多客户的信赖与支持。

主要获奖情况
2006年江苏十强诚信品牌设计机构 法国建筑师协会会员单位（编号20090618）　2007年中国建筑规划设计诚信百强品牌机构
2007年亚洲建筑规划设计奥斯卡国际风尚大奖　　　　　　　　　　　　　　　2008年中国建筑设计行业十大最具创意品牌机构
2009年国际建筑设计创意企业金奖　　　　　　　　　　　　　　　　　　　　2009年中国最具影响力境外设计机构
2010年中国最具业主满意度设计机构　　　　　　　　　　　　　　　　　　　2011年中国最具创新力设计机构
2012年中国最具商业地产合作价值设计机构　　　　　　　　　　　　　　　　2013年中国最具品牌价值设计机构

▲ 造型概念构想阶段　　▲ 造型多方案深化比较　　▲ 备选方案深化比较　　▲ 最终确定方案

GRAMM INTERNATIONAL CENTER, ZHENGZHOU

郑州格拉姆国际中心

项目业主：意大利格拉姆财团、罗马市政府
建设地点：河南 郑州
建筑功能：办公建筑
用地面积：9 381平方米
建筑面积：88 660平方米
设计时间：2005年05月
项目状态：建成
设计单位：英国UK.LA太平洋远景国际设计机构

格拉姆国际中心，由意大利格拉姆财团和罗马市政府委托设计，是郑东唯一一家由外商独资开发的商业地产项目。

河南是中华文明的发源地，意大利是欧洲文明的摇篮，格拉姆国际中心在设计上希望同时体现出中国和意大利文化，项目采用超高层双子楼设计，并将哥特式风格与象征财富的钻石元素和中国文化中象征吉祥的莲花造型有机融合在一起，成为郑东新区一颗耀眼的明珠。

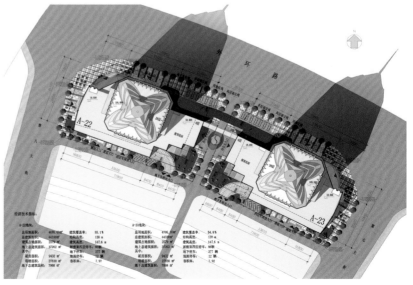

ZHENGZHOU AOMA COMPLEX PROJECT

郑州奥马综合商业居住项目

项目业主：郑州奥马置业有限公司
建设地点：河南 郑州
建筑功能：城市综合体
占地面积：224 000平方米
建筑面积：940 000平方米
设计时间：2013年06月
项目状态：方案
设计单位：英国UK.LA太平洋远景国际设计机构
设计团队：崔晨旻、张辉、张天明、陈媛媛、李阳

项目位于郑州市二七生态文化新城运河新区内，城市主干道嵩山南路东侧，总用地面积约340亩（约226 666平方米），总建筑面积约94万平方米。

项目总体定位为郑州二七新城运河畔新兴大型商业居住综合体。设计通过"龙"形景观主轴贯穿基地，统领整体规划布局，再现中原文化精髓。

商业群体通过流动的建筑形体塑造地标建筑群，通过生态、自然的购物环境及多首层、立体化商业空间体系的打造，体现出新兴商业的多元化、趣味化、生态化的特点。

居住群体内建筑单元通过景观轴线、底层透空视廊及景观步道系统联系成一个有机整体，结合人车分流的交通体系，营造出一个生态自然、健康舒适的人居环境。

RECONSTRUCTION OF THE VILLAGE IN ZHANGZHUANG TOWN, ZHENGZHOU

郑州张庄城中村改造项目

项目位于郑州市中心城区的核心位置，北侧和东侧紧邻郑州两大城市干道郑汴路和中州大道，总占地面积32.73万平方米。用地被多条城市道路分割为若干地块，包括三块商业用地、一块商住综合用地、一块教育用地、一块公共绿地和多块居住用地。

项目定位为郑州中心城区新兴大型城市综合体，国际时尚生活街区。

方案引入现代主义大师柯布西耶提出的"光明城市"概念，通过建筑底层透空、设置屋顶花园、立体交通系统，使社区大环境融合成一个有机整体。

项目重点打造城市干道——中州大道和郑汴路交叉口的形象。转角处以超百米五星级酒店为核心地标建筑，结合大型综合商业裙房及高层酒店式公寓，体现出良好的城市形象，增强项目的可标识性。

项目业主：郑州中南置业有限公司
建设地点：河南 郑州
建筑功能：城市综合体
占地面积：327 333平方米
建筑面积：2 390 000平方米
设计时间：2012年02月
项目状态：方案
设计单位：英国UK.LA太平洋远景国际设计机构
设计团队：崔晨旻、张辉、张天明、练智勇、谌宏伟

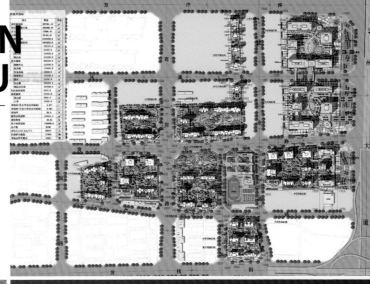

MAYLAND
COMPLEX, ZHENGZHOU

郑州美林湖
综合居住度假项目

项目业主：河南兴达置业有限公司
建设地点：河南 郑州
建筑功能：居住、旅游度假
占地面积：3 106 666平方米
建筑面积：4 660 000平方米
设计时间：2013年06月
项目状态：方案
设计单位：英国UK.LA太平洋远景国际
　　　　　设计机构
设计团队：钱洪杰、练智勇、谌宏伟、
　　　　　陈媛媛

　　项目位于郑州市二七区马寨镇孔河两岸秉承旅游地产发展模式，以主题乐园带动整个项目发展和知名度提升。项目依托马寨镇良好的生态资源优势，将中原大地绿、水之美充分挖掘，秉承孔河两岸良好的生态环境和典型的台地特征，打造郑州郊区集度假、休闲、游乐、疗养、居住、养老、商业等多功能于一体的生态宜居新城，具有多重复合功能的旅游服务综合体。

　　项目建成后将为郑州市二七区整体城市面貌提档升级，成为郑州乃至中原都市圈新兴的名片级旅游度假目的地和度假疗养胜地。

HAINAN SEVILLE COAST

海南赛维亚海岸

项目业主：儋州双联房地产开发有限公司
建设地点：海南 儋州
建筑功能：居住、旅游度假
占地面积：466 666平方米
建筑面积：700 000平方米
设计时间：2010年04月
项目状态：在建
设计单位：英国UK.LA太平洋远景国际设计机构
设计团队：钱洪杰、冯涛、张天明、谌宏伟、李阳

　　规划区位于海南儋州白马井镇，距海口市135千米，西临大海，具有得天独厚的景观优势。地块分为居住板块与度假板块两个独立的功能板块。高档滨海社区与海上度假区这两个区域通过一条横贯东西的中央景观大道连为一体，由东向西的序列依次为商业步行街—会所—景观大道—湿地公园—沙滩游乐区—内港游乐区—百米海景酒店。建筑空间布局西低东高，形成明确的海景朝向。建筑造型及空间环境采用"经典地中海建筑风貌+拥景庭院空间+原生态景观环境"模式，构筑出地域特色鲜明的休闲度假居住区。

ZHENGZHOU QINGHUA · TAHITI & OPA LALA WATER PARK

郑州清华·大溪地&奥帕拉拉
水上乐园

项目业主：郑州清华园房地产开发有限公司
建设地点：河南 郑州
建筑功能：城市综合体
用地面积：2 266 666平方米
建筑面积：2 550 000平方米
设计时间：2010年05月
项目状态：在建
设计单位：英国UK.LA太平洋远景国际设计机构
设计团队：钱洪杰、冯涛、刘强、钱留平

　　项目位于郑西新城核心地带，清华·大溪地在这里打造了500万平方米地中海风情游闲新城邦、300万平方米温泉宜居华宅、189万平方米游闲主题商业。12万平方米中原中部最大的水公园——奥帕拉拉冒险岛，8万平方米香堤湾温泉，14万平方米奇域商业公园，中原国际茶业中心，6万平方米李商隐公园以及高端写字楼、大型会议中心、大型购物中心、巨幕影城、星级酒店等一应俱全，打造生活、居住、休闲高端社区。

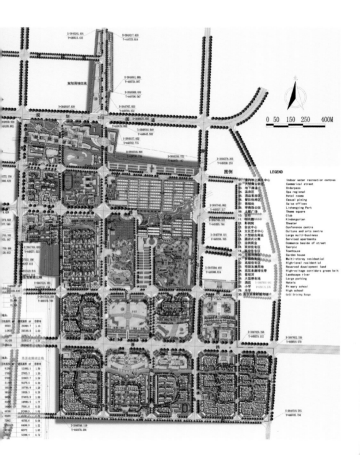

YAOWAN TOWN PLANNING AND DESIGN, XINYI CITY, JIANGSU

窑湾古镇保护规划

项目业主：新沂市政府
建设地点：江苏 新沂
建筑功能：古城保护
占地面积：533 333平方米
设计时间：2010年09月
项目状态：在建
设计单位：英国UK.LA太平洋远景国际设计机构
设计团队：钱洪杰、崔晨旻、季力宝、谌宏伟

　　窑湾古镇是目前苏北地区在京杭大运河滨水古镇中保存最完好的一个古镇。古镇形成于春秋战国时期，明清时达到鼎盛。古镇有发达的水系，分别是大运河、后河以及护城河，形成独特的半岛形态。

　　窑湾古镇保护规划在京杭大运河2013年申报世界历史文化遗产的背景下展开，本次规划充分考虑窑湾古镇在京杭大运河遗产中的地位——在保护窑湾特有的"镇有前后河，城在两湖中"的滨水古镇形态的同时，打造中国"苏北第一古镇"。

　　规划方案从古镇文化史的发掘、古街区的复原、道路与环境的整治入手，以三条水轴、四大功能区、十三景观节点为总体规划布局，对重点建筑如江西会馆、山西会馆、教堂等进行修复、复建。通过对大运河滨水景观的打造，实现传承人文、历史名城环境，构建舒适、艺术的生活环境，营造开发、休闲的旅游环境，共创自然、永续的生态环境的目标。

① 北门锁钥
② 北门老街
③ 夜焦盛景
④ 古镇新韵
⑤ 三桥秀色
⑥ 东门迎旭
⑦ 湿地现舟
⑧ 西门挹爽
⑨ 沙洲唱晚
⑩ 堤外人家
⑪ 南门来熏
⑫ 落霞水寨
⑬ 绿杨阡陌
⑭ 竹络坝

张小波

出生年月：1979年08月
职　　务：首席建筑师
职　　称：国家一级注册建筑师

教育背景
北京大学/风景园林/硕士
长安大学/建筑学/学士

工作经历
2003年—2008年　深圳市建筑设计研究总院/主创建筑师
2003年至今　　　中泰建筑设计有限公司/首席建筑师

主要设计作品
国嘉·四海逸家
荣获：2013年中国华西传媒大奖四川房地产综合实力50强"中国城市首席名宅"
国嘉·光华中心
荣获：2013年中国华西传媒大奖四川房地产综合实力50强"2013中国城市地标大奖"
置信·牧山丽景
荣获：第十一届金芙蓉杯成都地产"年度楼盘金奖"
常州莱蒙都会
荣获：2009年南京市优秀工程设计二等奖
置信·国色天乡鹭湖宫
荣获：2009年CIHAF中国名盘大奖
置信·丽都花园城一期
荣获：2009年中国土木工程詹天佑奖优秀住宅小区金奖

周小锋

出生年月：1977年07月
职　　务：总经理

教育背景
天津大学/建筑学/硕士
长安大学/建筑学/学士

工作经历
2003年—2008年　深圳市建筑设计研究总院/主创建筑师
2003年至今　　　中泰建筑设计有限公司/总经理

主要设计作品
国嘉·四海逸家
荣获：2013年中国华西传媒大奖四川房地产综合实力50强"中国城市首席名宅"
国嘉·光华中心
荣获：2013年中国华西传媒大奖四川房地产综合实力50强"2013中国城市地标大奖"
置信·牧山丽景
荣获：第十一届金芙蓉杯成都地产"年度楼盘金奖"
常州莱蒙都会
荣获：2009年南京市优秀工程设计二等奖
置信·国色天乡鹭湖宫
荣获：2009年CIHAF中国名盘大奖
置信·丽都花园城一期
荣获：2009年中国土木工程詹天佑奖优秀住宅小区金奖

CCD | 中泰设计
更好的设计创新 更好的技术服务

地址：四川省成都市高新区天仁路387号大鼎世纪广场2号楼8楼
电话：028-83311818
传真：028-83311818
网址：www.ccddesign.com.cn
电子邮箱：zhangxiaobo@ccddesign.com.cn

　　中泰建筑设计有限公司（中泰设计）是全国排名前50强的大型综合设计企业集团，2003年创立于深圳。经过多年发展，在深圳、西安、北京、上海、三亚等主要城市设有区域公司，总部位于成都。是目前少数同时拥有建筑工程设计甲级、城市规划乙级、景观设计乙级、市政设计乙级资质的综合性设计企业之一。中泰设计将秉承成为具有高度社会责任感和历史责任感企业的愿景，致力于提升建筑设计素质，为公众创建优越的空间环境。

　　中泰设计现有员工近300人，其中国家一级注册建筑师18人、一级注册结构工程师17人、注册城市规划师3人、高级工程师20人。凭借着经验丰富，精益求精的高水准、国际化专业设计团队，中泰设计具备卓越的咨询、研究、设计和管理能力，为客户提供全面、全过程设计服务，为客户超出预期地实现设计作品。中泰设计相继与万达、置信、国嘉、金科文旅、交大、蓝光、世茂等诸多国内优秀地产开发公司建立了长期战略合作关系。

　　中泰设计成功参与了置信·国色天乡系、置信·丽都花园城系、国嘉逸家系等诸多知名项目的深度研发设计，项目付诸实施后均成为地产项目发展中的标杆级作品，并在业内获得了较高的知名度和良好的声誉。

　　中泰设计已通过ISO 9001国际质量管理体系认证，我们将秉承"创造价值、成就客户"的设计服务理念，持续不断地为客户提供优质的设计服务，促进建筑、城市与社会的可持续和谐发展。

"成就客户——致力于客户的满意与成功"

TIANFU MANSION

天府大厦

项目业主：成都和嘉置业有限公司	建设地点：四川 成都
高　　度：170米	容 积 率：8.65
设计时间：2014年	项目状态：在建
设计单位：中泰建筑设计有限公司	主创设计：张小波、周小锋

　　天府大厦项目位于成都市天府新区，定位为办公及高品质高层住宅相互混合的高端居住社区。建筑以现代简约风格为基础，造型简洁，整个立体形式与有条不紊的线条融为一体，十分大气，给人高贵、典雅、庄重的感觉。立面线条拉伸了整个建筑的纵深感，又给人一种无限的想象，即能满足办公需求，又能体现建筑的现代与美感。

　　结合简洁明快的建筑外观特点，将功能、材料、光影、色彩等要素会集在一起，升华空间的品质和精神，追求纯净明快的现代办公空间，着重展现建筑的空间美、结构美和韵律美，力求完美体现室内空间与建筑空间的统一性与共生性。利用设计手段体现人性化的商务休闲办公环境，简洁中体现高效，和谐中体现人性化的商务休闲理念。考虑到该地区常年风向与建筑朝向的关系，在规划布局上使整个小区建筑布局非常有利于空气流通，从而提高了住区的空气质量。集办公、住宅于一体的功能架构使其更显人性化，以适应不断变化的人文与经济需求。

GUANGHUA YIJIA MANSION

光华逸家

项目业主：成都国嘉志得置业有限公司
用地面积：76 000平方米
容 积 率：3.6
项目状态：建成
设计单位：中泰建筑设计有限公司
主创设计：张小波、周小锋
参与设计：付路、肖伟

建设地点：四川 成都
建筑面积：360 000平方米
设计时间：2009年

　　光华逸家项目位于成都西三环，定位为商业及高品质高层住宅相互混合的高端居住社区。以商住分区、点式布局为规划原则，左侧规划为顶级写字楼集群、风情商业街，右侧为16栋小高层住宅。建筑风格延续周边地块已建住区的现代风格，每个住宅单元充分利用庭院以及周边景观资源，采用大尺度的舒适中庭园林景观设计，打造高品质现代风情的高端建筑群。

　　项目创新主要表现在商住分区、点式布局上。商业建筑与对面大型商业综合体遥相呼应，同时设置地下景观商业街，连通地铁及地铁商业，共同打造商业街区。住宅建筑采用围合布置方式，在最大限度利用小区景观的同时，保证小区花园组团完整，营造了一个相对独立、安静、高品质的生活环境。

LIDU GARDEN CITY

丽都花园城

项目业主：成都置信实业（集团）有限公司
建设地点：四川 成都
用地面积：260 000平方米
建筑面积：200 000平方米
容 积 率：2.2
绿 化 率：40%
设计时间：2005年
项目状态：建成
主创设计：张小波、周小锋

　　置信丽都花园城位于成都市武侯大道与三环路交界处，项目建筑风格为现代风格，以巴厘岛园林格局为蓝本打造度假式生活方式。外立面以简洁白色为基调，橙色点缀其中，稳重内敛又不失活力，并从细部处理，在建筑色调上强调现代风格的简洁、典雅、时尚与精致。创新板式建筑让项目显现出韵律感和雄浑气质，为每一户创造完美景观。

　　项目设计创新表现在90平方米的空间内，设计三房两厅的阔绰空间与功能，做到户型采光观景俱佳，享受极舒适的空间感。特别设计的多功能房，房主可自由发挥做成阳光房、休闲厅、健身房、书房等，满足生活的多种需要。通过综合手段打造度假生活方式，在打造一个追求舒适的物质享受之外，更要寻求高层次精神体验的高品质项目。值得一提的是，90平方米的经典三房宜居户型已申请国家专利，并因其空间与功能的完美结合而被媒体称为"90平方米头等舱"。

CHENGNAN YIJIA MANSION

城南逸家

项目业主：成都国嘉志得置业有限公司　　建设地点：四川 成都
用地面积：200 000平方米　　　　　　　建筑面积：310 000平方米
容 积 率：0.94　　　　　　　　　　　　设计时间：2009年
项目状态：建成　　　　　　　　　　　　设计单位：中泰建筑设计有限公司
主创设计：张小波、周小锋　　　　　　　参与设计：付路、何志桓、李理、肖伟

　　本项目位于成都市双流城南区域，以内敛的空间布局，人工创造景观与江安河自然景观紧密结合为前提，以一条围合性的主干道为骨架组织景观和交通，将基地划分为三个区域：沿河联排区、中间联排与叠拼结合区、外围叠拼区。将各个区域按照适当的规模，划分成数个组团散落其中，每个组团形成各自的组团中心，并与小区中心发生联系。

　　因用地面积较大，在考虑步行景观的同时亦设置行车景观视线，通过贯穿地块的景观交通大道形成中心景观轴。设置完善的功能配套设施，同时展示社区形象。强调小区内聚性，加强各组团之间联系，并通过综合手段打造院落围合与归属感。本着"景观结合自然"的原则，最大限度地引进江安河的沿河景观，将其和小区内部景观形成一个整体。各组团之间均以景观轴线连接，使之既相对独立，又相互渗透交融。

MT. SHEPHERD VILLA

牧山丽景二、三期

项目业主：四川川投置信丽景置业有限公司　　建设地点：四川 成都
用地面积：120 000平方米　　　　　　　　　建筑面积：340 000平方米
容 积 率：0.47　　　　　　　　　　　　　　绿 化 率：45%
设计时间：2009年　　　　　　　　　　　　项目状态：建成
设计单位：中泰建筑设计有限公司　　　　　　主创设计：张小波、周小锋

牧山丽景位于成都市南郊，新津县花源镇牧马山。项目定位为英式风情庄园式住宅区，建筑总平面布置根据用地现状与特色进行合理布局。设计时注重保护山区的生态，利用园林景观创造丰富的效果，采用高低错落式布局，在规划设计中尽力做到既满足容积率要求，又不影响山脉自然之美。

最大限度地利用景观资源，在不同地段创作湖畔观景住宅、半山住宅与景观舒适性住宅；在建筑规划中做到创意新颖，体现特色；立面在适合中小户型住宅的风格中选择，突出自己的特色，同时具有一定的典雅风格。利用每一条道路和每一个环境空间节点，创造一个分区明确、主题分明的环境景观；处理道路规划与建筑布局之间的矛盾，做到即经济又有优美的环境。在总体规划中强调移步换景、景随步移的园林化构成方式，形成建筑、道路与绿化景观有机结合的整体系统，从而完善了项目建筑的总体布局。

FLORALAND VILLA DISTRICT 7

国色天乡鹭湖宫7区

项目业主：四川置信实业有限公司
建设地点：四川 成都
用地面积：72 000平方米
建筑面积：110 000平方米
容 积 率：1.23
项目状态：建成
设计时间：2010年
设计单位：中泰建筑设计有限公司
主创设计：张小波、周小锋

　　国色天乡鹭湖宫7区项目位于成都市温江区万春镇，定位为低层住宅及高品质高层住宅相互混合的高端居住社区。建筑风格延续周边地块已建住宅区的欧式风格，充分利用河体景观和鹭湖以及周边景观资源，沿江安河规划11栋低层住宅和两栋高层住宅，沿鱼凫路规划两栋高层住宅，整体布局紧凑合理，使每户都能享受到优越的视觉景观。

　　建筑风格与周边片区建筑风格相呼应，融入了欧洲传统建筑符号，并寻求新的突破，外立面仍采用欧式建筑的典型元素，将经典柱廊、坡屋顶等巧妙地融入建筑中，并通过外墙装饰线条、装饰柱、雕花板及天然砂岩石等外墙构件来丰富建筑细部，同时准确把握建筑外立面各构件之间的尺度与比例关系，使其具有整体美感。

ARCHITECTS

朱军峰

职务：副总经理/设计总监

教育背景
1999年—2003年　河北建筑工程学院/学士
2008年—2010年　天津大学/硕士

工作经历
2003年—2004年　中建科建筑规划设计有限公司
2005年—2006年　北京瀚时国际建筑设计有限公司
2007年—2010年　北京方略建筑设计有限公司
2010年至今　　　北京容观国际建筑设计事务所有限公司

主要设计作品
邯郸五矿大厦　　　　　　安联钓鱼台一号
洛阳伊川商业综合体　　　石家庄华府国际综合体
安联德国印象居住小区　　开封风度柏林居住小区
江泉富力广场商业综合体　邯郸龙仕·公园里居住小区
亿力·观湖城综合居住小区

席宏伟

职务：方案三部/主任设计师

教育背景
1999年—2004年　河北建筑工程学院/学士

工作经历
2005年—2006年　LKP台湾元宏建筑师事务所
2006年—2010年　中国城市建设研究院
2010年—2011年　北京市建筑设计研究院
2011年至今　　　北京容观国际建筑设计事务所有限公司

主要设计作品
乌兰大酒店　　　　　　包头新迎宾馆
张家口上京王府　　　　河套大学图书馆
援非布隆迪医院　　　　唐山中国陶瓷博览中心
隆基泰和秦皇岛香邑溪谷　富力北京东方长安居住区
阳光新业烟台汇福街住宅区
内蒙古医科大学附属人民医院

李德

职务：方案四部/主任设计师

教育背景
2006年—2010年　南华大学/学士

工作经历
2010年　　　　北京亚瑞建筑设计有限公司
2010年至今　　北京容观国际建筑设计事务所有限公司

主要设计作品
上海虹桥商务区06#地块
河南新乡金宸国际居住区
海南万宁翡翠花园居住区
河南新乡文化宫城市综合体
河南新乡滨湖小镇规划区会所
辽宁盘锦中兴飞机展厅及指挥塔台
河南新乡平原新区管委会城市展厅
北京朝阳区桐城公园美中宜和妇儿医院

Rogrea 容观国际
WWW.ROGREA.COM

地址：北京市海淀区首体南路22号国兴大厦21层
电话：010-88808668
传真：010-68797763
网址：www.rogrea.com
电子邮箱：rogrea@126.com

北京容观国际建筑设计事务所有限公司，具有建筑设计事务所甲级资质，可以从事资质证书许可范围内相应的建设工程总承包业务以及项目管理和相关的技术与管理服务。在北京下设容观建筑结构事务所、容观机电设计事务所等分支机构，在上海、深圳、南宁等地设有分公司。Rogrea International, Architects Corporation是容观旗下在美国注册的建筑事务所。公司自成立以来，先后承接了文化体育、办公、居住、大型规划设计、医疗、工业、室内、商业综合体等多领域项目，业务遍及全国。由资深设计师组成的国际化的高水平设计团队，以全球化的视野，创新、务实、诚信、求精的设计理念，为业主提供规划、建筑设计、项目策划及设计咨询等高质量的解决方案，以诚信、创新、增长、高效的企业精神，为业主提供优质的服务，以先进的技术、高效的管理、最佳的效益为目标，不断实现技术与管理创新，努力使公司成为国内知名企业。

北京总部位于北京市西二环、三环之间，紧邻地铁6号线及9号线的换乘站，地理位置优越，交通方便。目前公司有员工150人，一级注册建筑师8名、一级注册结构师8名、注册规划师3名、注册设备师6名，其中具有中高级技术职称的设计占总人数的40%。设计队伍专业齐全，人员结构合理，具有很强的设计实力。

企业理念
愿　　景：精品建筑蕴育的基地 设计英才圆梦的舞台
使　　命：创意生活 规划未来
价 值 观：共创价值 追求卓越
管理理念：过程精细 运行高效
市场战略：立足京津 拓展周边 辐射全国 走向国际
质 量 观：设计精美 技术精深 品质精湛 服务精心 打造精品
环 境 观：建筑与绿色共生 设计与自然天成

LIONFULL LAND
GERMANY IMPRESSION

安联德国印象

项目业主：河北安联房地产开发有限公司
建设地点：河北 邢台
建筑功能：住宅建筑
用地面积：74 100平方米
建筑面积：220 000平方米
设计时间：2010年—2011年
项目状态：建成
设计单位：北京容观国际建筑设计事务所有限公司
合作设计：北京龙安华诚建筑设计有限公司
主创设计：朱军峰
参与设计：廖大清、张志刚、苗红涛

　　安联德国印象是安联集团"印象系"系列产品，"一座城市，两种生活"的理念是该项目规划构思的出发点。

　　建筑师采用了简约现代的设计手法，强调细节、注重品质，采用简约的体形、典雅实用的细节、柔和沉稳的色彩，注重建筑自身的逻辑性。整体规划上采用了中轴布局，前庭后院的布置方式，南区由7栋11层的小高层组合而成，结合下沉庭院的设置，形成了独特的庭院生活，下沉庭院的设置使得地下车库引入阳光，形成真正的阳光车库，立体绿化又使整个居住空间变得丰富多彩。

YILI · LAKE VIEW CITY

亿力·观湖城

项目业主：河北亿力房地产开发有限公司
建设地点：河北 邢台
建筑功能：住宅建筑
用地面积：220 000平方米
建筑面积：450 000平方米
设计时间：2012年—2013年
项目状态：在建
设计单位：北京容观国际建筑设计事务所有限公司
合作设计：华诚博远（北京）建筑设计有限公司
主创设计：朱军峰
参与设计：毛德峰、吴凡、廖大清、张志刚

　　亿力·观湖城位于清河县城区北部，紧邻清凉江生态园西湖和市政公园，地理环境优越。项目依托良好的环境资源，以原生态湖泊为出发点，一条中心景观轴贯穿南北，南接湖心岛，独栋官邸围湖而建，视野开阔，景色优美。

　　建筑师充分利用现有的湖泊水系环境资源，重视自然生态景观的保护与提升。项目从整体区域发展进行定位，打造低密度花园观湖生态社区；树立全新的建筑组合形象，丰富城市天际线，打造城市新地标；着力打造节能环保、生态观湖的居住新都心。

MINMETALS TOWER

五矿大厦

项目业主：中国五矿集团公司
建设地点：河北 邯郸
建筑功能：城市综合体
用地面积：11 837平方米
建筑面积：78 000平方米
设计时间：2011年—2012年
项目状态：建成
设计单位：北京容观国际建筑设计事务所有限公司
合作设计：北京龙安华诚建筑设计有限公司
主创设计：朱军峰
参与设计：张鹏、廖大清、张志刚

　　邯郸五矿大厦是五矿集团在邯郸的新总部，项目立于邯郸市中心区朝阳路与光明大街交叉口，由一幢综合办公楼与一幢住宅楼组成。综合办公楼功能较为复杂，单体建筑中涵盖了办公、宾馆、商业、餐饮、娱乐等功能，展现企业特点，树立地标建筑形象。
　　稳重、大方、时尚、得体是立面设计中考虑的要素，竖向线条的运用，强有力的虚实对比，简洁实用的细部处理，使整个建筑浑然天成，创造出了一个符合其企业特征的坚实形象。

ZHANGJIAKOU SHANGJING PALACE

张家口上京·王府

项目业主：张家口上京房地产开发有限公司　建设地点：河北 张家口
建筑功能：别墅　用地面积：258 000平方米
建筑面积：300 000平米　设计时间：2012年
项目状态：在建　设计单位：北京容观国际建筑设计事务所有限公司
主创设计：席宏伟　参与设计：崔柏、刘玉振、褚晨晓

项目整体定位：以区域价值及土地价值为基础，以地中海建筑风格为主体，以房地产开发为核心，以"用领先市场的产品引导山城人民提升居住需求"为核心思想。设计基于地形变化与城市限高的合理结合，在满足城市规划及展现完美规划构图的同时最大限度实现经济利益。

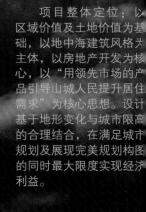

TANGSHAN CHINA CERAMIC EXPO CENTER

唐山中国陶瓷博览中心

项目业主：唐山富天房地产开发有限公司　　建设地点：河北 唐山
建筑功能：商业建筑　　　　　　　　　　设计单位：北京容观国际建筑设计事务所有限公司
用地面积：100 000平方米　　　　　　　建筑面积：235 000平方米
设计时间：2013年　　　　　　　　　　项目状态：在建
主创设计：席宏伟　　　　　　　　　　参与设计：刘玉振

设计构成形态以圆形卖场及会展为中心沿内街向四周辐射，环形内街将其串联，形成具有强大向心力的整体，吸引人群向场地纵深聚集，激发场地内部商业潜力。

用辐射线将内街分割成建陶、卫浴、日用瓷等不同功能；"中心+辐射"的布局形成了此方案的规划形态，大小不一的公共空间也是此方案的一大亮点。

人性化，动线清晰，易达性强；空间丰富使人心情愉悦，增强购物的乐趣及欲望。黑色面材独具魅力，国际感十足，适合项目定位，同时也可作为自己的名片区别于周边建筑，且施工简单，成本容易控制。

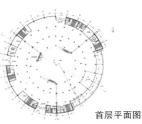

首层平面图

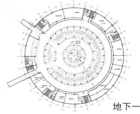

地下一层平面图

R & F PROPERTIES · SHANGHAI HONGQIAO BUSINESS DISTRICT LOT 06

富力地产·上海虹桥商务区06#地块

项目业主：广州富力地产股份有限公司
建设地点：上海
建筑功能：商务、办公、居住
用地面积：57 000平方米
建筑面积：185 000平方米
设计时间：2013年—2014年
项目状态：在建
设计单位：北京容观国际建筑设计事务所有限公司
合作设计：北京富力地产设计部
　　　　　华东建筑设计研究院有限公司
主创设计：李德
参与设计：褚晨晓、郭永超、王昱喆、崔柏、张宏宇

　　城市的功能应该是复合的，居住、商务、购物、休闲等功能都应该混合布置，这种源于"复合城市"的初始构思，在设计中具体转化为"院落"的扩展与运用。根据城市控规及场地特征，形成场地内的三大空间区域，在水平与竖向两个维度展开，相互串联。在寸土寸金的上海虹桥CBD，如何高效地利用土地价值，是设计的一大决策点。

　　富力作为全国知名地产，在设计中的精益求精，也让建筑师遇到了极大的挑战。整个建筑群力图以积极而开放的姿态向繁华的都市发出召唤，这将是一个充满感染力的时尚之城。

WANHUI PROPERTY · JINCHEN INTERNATIONAL RESIDENCE, XINXIANG, HENAN

万汇地产·河南新乡金宸国际居住区

项目业主：新乡万汇房地产开发有限公司
建设地点：河南 新乡
建筑功能：综合居住社区
用地面积：158 000平方米
建筑面积：788 000平方米
设计时间：2010年—2014年
项目状态：在建
设计单位：北京容观国际建筑设计事务所有限公司
主创设计：李德
参与设计：孙宏磊、赵宝明、褚晨晓
获奖情况：最佳品质楼盘奖
　　　　　新乡市2010年榜样楼盘
　　　　　最佳居住环境楼盘
　　　　　2010年新乡金牌户型楼盘
　　　　　2011年主流媒体总评榜最佳高端品质楼盘
　　　　　2011年新乡十大景观楼盘
　　　　　2012年新乡最具人气宜居楼盘
　　　　　2013年最具升值潜力楼盘

　　金宸国际地处河南新乡唯一的城市卫河水系——牧野湖沿岸，地理位置优越。

　　在这样优美的沿湖环境中，项目采用比例严谨、细节精准的新古典主义建筑风格。

　　舒适的人居氛围是建筑师设计时关注的重点。通过对建筑群落关系的梳理、人车分流系统的组织，一个亦静亦动、尺度宜人的居住园区得以实现。在建筑单体的设计上，特点鲜明的大线脚及精雕细琢的细部构造，结合南向近20米高的地标屋顶钟楼，丰富了屋顶天际线，让建筑带有浓厚的古典高贵气质。

美国CDI创意国际设计集团
CREATIVE DESIGN INTERNATIONAL, INC.
场脉建筑设计（上海）有限公司

郑灿

出生年月：1972年
职　　务：总经理、设计总监

教育背景
美国加州大学/建筑学/硕士
清华大学/城市规划与设计/硕士
天津大学/建筑学/学士
获1995年全国十佳大学生称号

工作经历
　　郑先生曾任美国捷得国际建筑师事务所（The Jerde Partnership, Inc.）洛杉矶总部副总裁、总设计师。有10多年的海外设计经验，曾长期任职于世界顶级的商业设计公司JERDE、世界顶级的酒店设计公司WATG和世界最大的设计公司GENSLER。兼具建筑与城市设计的背景，跨越五洲的设计经历，使得郑先生的设计体现出规划、建筑和景观的完美整合和独特的场所体验。

主要设计作品

哈尔滨宝宇·天邑超大型都心综合体	天津NBA体验中心商业街区	石家庄恒润时代广场
昆明大宥城商业综合体	杭州奥博中心	天津天和城德国小镇
洛杉矶丽思酒店及会议中心	柏林AEG娱乐中心	开罗东城商业中心
迪拜朱美瑞山大型旅游商务区	新西兰塞尔维亚公园购物中心	北京王府井商业及酒店综合体
上海长泰国际购物广场	石家庄勒泰中心	武汉绿地中心
长沙北辰新河三角洲综合体	海南中信泰富神州半岛	

CDI的设计足迹跨越了欧洲、亚洲、美洲、中东及大洋洲，会聚了世界顶级的建筑、 规划和景观设计经验， 致力于将商业、娱乐、酒店、办公、居住和文化的功能完美融合，实现建筑、自然和人文的结合，创造新型的城市和度假综合体。

CDI在中国的项目覆盖了北京、天津、哈尔滨、大连、青岛、石家庄、杭州、贵阳、泉州、昆明等地，包括全球首家NBA体验中心的商业街区以及被评为2013年中国房地产开发企业500强十大典型项目第一名的哈尔滨宝宇天邑项目。CDI被中国商业地产杂志评选为2013年度中国商业地产最佳设计公司，并荣获2013年中国人居典范年度最具创新力设计机构称号。CDI将引领世界的设计经验和中国的市场需求与深层文脉相结合，实现国际视野和本土化的有机融合。同时在坚持成本效益的原则上为业主和社区带来经济和社会效益的丰收，创造激动人心的城市地标和充满丰富体验感的城市及社区聚会中心。

地址：上海市浦东新区陆家嘴商城路518号内外联大厦19楼
电话：021-38790998
传真：021-50580697-608
网址：www.cdidesign-us.com
电子邮箱：info@cdidesign-us.com

KUNMING YOCITY

昆明大宥城

项目业主：昆明大田宥房地产开发有限公司
建设地点：云南 昆明
建筑功能：商业综合体
建筑面积：690 000平方米
设计时间：2013年—2014年
项目状态：在建
设计单位：美国CDI创意国际设计集团
主创设计：郑灿

　　昆明大宥城由昆明大田宥房地产开发有限公司投资建设，美国CDI为该项目提供了总体规划以及建筑设计，旨在与城市中央公园、新工人文化宫等城市地标融合的同时，创造出更加多样缤纷的业态功能，包含购物中心、五星级酒店、5A写字楼、SOHO公寓等，使得这个占据城市CBD核心区域的繁华地段，从整体上形成一个集人文、艺术、时尚体验于一体的更为庞大、更为震撼且又独特的城市新地标。

　　在"以人为本，场所创造"的设计原则下，我们力求把项目的每一个部分都创造成适宜的"城市"空间和都市氛围，吸引来自国内和国际的游客，使他们在这里得到前所未有的、充满活力和真实的体验。

　　设计创意从当地特有的丘陵岩层和漂浮的白云中提炼转化而来，建筑曲折连绵，形成丰富的平台和连廊，奇幻的玻璃顶棚像白云一样漂浮在上空，使人们仿佛置身于真实的城市街道之中，通过这种真实与独特的体验来吸引生活在这里的人们和各地的游客，带给他们难忘的经历和回忆。这里也将逐渐成为这个城市生活的一部分，逐渐成为这个城市的名片。

LANHAI QUANZHOU WATER TOWN NBA SPORTS THEME BUSINESS CENTER

兰海泉洲水城NBA体育主题商业中心

项目业主：天津鸿盛投资有限公司
建设地点：天津
建筑功能：商业酒店综合体
建筑面积：地上47 000平方米 地下20 000平方米
设计时间：2013年
项目状态：在建
设计单位：美国CDI创意国际设计集团
主创设计：郑灿

该项目位于天津市武清区，地处京津之间，是京滨综合发展主轴的重要节点，区位优势得天独厚。地块西临全球第一个NBA中心，北临城市主干道，商业、景观资源丰富。依托两大主题性主力店的商业带动效应和大型景观公园对休闲人群的聚集效应，形成商业区位优势。

商业设计以打造与NBA中心融为一体的休闲娱乐商业中心为目标。商业中心以NBA和运动为主题，建筑造型采用美式建筑风格，在公共空间、景观运动公园设计中引入大量NBA元素，让球迷、顾客在感受NBA氛围的同时还能体验到美式娱乐商业的机会。项目集娱乐、休闲、运动、餐饮、零售为一体，以独特体验空间为特色，打造与全球首个NBA中心相匹配的休闲娱乐商业中心。

将以NBA为主题商业中心、人性化的场所创造及多样化的公共空间作为设计理念。让项目成为球迷休闲聚会的目的地。以人为本，注重人的空间感受。强调顾客的空间体验，将购物体验性作为商业设计的重要元素，将人的感受作为项目品质的重要指标。以点式圆形和线性弧形为设计元素设计地块内公共空间，于地块内部设置NBA大道步行街、NBA广场、全明星广场、球迷滨水活动广场等特色公共空间，以特色空间形成项目的体验空间。同时配合空间设计，建筑设计以错落的建筑退台形成位于不同高度的感受空间的立体平台。

HARBIN BAOYU TIANYI

哈尔滨宝宇天邑

项目业主：黑龙江宝宇房地产开发（集团）有限责任公司　　建设地点：黑龙江 哈尔滨

建筑功能：城市综合体　　建筑面积：3 160 000平方米

设计时间：2012年—2014年　　项目状态：在建

设计单位：美国CDI创意国际设计集团　　主创设计：郑灿

获奖情况：2013中国房地产开发企业500强十大典型项目第一名

项目位于哈尔滨市中心松花江畔的三马地区，靠近中央大道、斯大林公园以及索菲亚教堂等一系列标志性建筑及街道，总建筑面积316万平方米，为当前北方地区最大的旧城改造项目。规划布局通过一纵、两横三条道路将地块有机地划分为几个区域。

规划设计以打造具有哈尔滨特色的新型城市生活区，建筑造型、景观形态、城市空间结合当地环境同时又别具特色，面向未来的城市综合体为目标。在不同区域规划各具特色的地块主题，以特色空间形成各地块标识性。分区域规划各具特色的城市大道、生态购物公园、中心广场、精品商业、历史文化长廊商业区。打造会集国际一线品牌旗舰商业、超白金五星级酒店、5A级智能写字楼、风情商业步行街、一站式主题商场及高端观江豪宅等于一体的业态集群，建成后将成为东北规模最大的都市综合体。

设计理念专注富有时间感的城市更新，结合城市历史文脉，保护富有价值的历史建筑，创造富有时代感和未来感的新颖建筑，实现历史传承和时代创新的结合；营造生态化的城市空间，以生态购物公园、生态中心广场、立体滨江公园为特征，营造充满生机和活力的生态绿化城市空间，实现城市与自然的交融；创造人性化的场所，以人为本，注重人的空间感受；重视视觉感受，精心设计项目城市天际线；强调顾客的空间体验，将购物体验性作为商业设计重要元素；将人的感受作为项目品质的重要指标；塑造多样化的城市空间，分区域规划设计景观步行街、生态广场、城市广场、商业步行空间、商业共享中庭、滨水公园、亲水广场等特色空间；创造动态的城市空间，以流畅的曲线作为造型元素，将商业流线设计成为顺畅而充满趣味的建筑空间，使其形态上犹如龙凤盘旋在地块中间，相聚在中央城市广场上。

TIANJIN TIANHE CITY GERMAN TOWN

天津天和城德国小镇

项目业主：博大东方（天津）房地产投资有限公司
建设地点：天津
建筑面积：83 519平方米
建筑功能：商业建筑
设计时间：2013年
项目状态：在建
设计单位：美国CDI创意国际设计集团
主创设计：郑灿
获奖情况：第十届人居典范最佳建筑设计金奖

该项目位于南湖公园沿岸，依托其特殊的交通、区位、生态优势和湖景资源，将建成集商业、办公、居住、文化、博览于一体的多元化沿湖特色旅游度假胜地，成为京津之间一道靓丽的风景线。而其中的德国小镇项目地理位置优越，景观丰富，利用独特的视觉效果，把这一位置设计成具有一定风格的建筑群是对整个项目的一种提升。

建筑风格多样，平面布局不规则，体形自由。广场、街市、小巷、庭院的空间组合，给行人增加趣味的同时也能让行人体会到德国街道的特色。建筑的顶部处理上，运用变化丰富的造型，给顶部坡屋面提供了可以自由分割的空间，增加了空间的利用率，充分诠释了建筑的简约、典雅，并且使天际线具有无穷的异域美感。在滨水空间和滨水景观的利用上很有特色，滨水空间开放而丰富，沿湖建筑既层次多样又和谐统一，与湖面结合形成优美、统一的沿湖立面。面湖建筑设滨水独特的曲动景观带，景观沿湖层层展开，给人带来感官上的愉悦和心理上的惬意。在德国城规划设计中，考虑人在由城市到建筑再到景观的宏观尺度到微观尺度时的感受。在使人车分流的交通系统更加人性化的同时也给人带来更加有趣的德国小镇体验。

设计理念秉承场所创造体验的设计原则，整体设计采用有机、自由的规划结构。尺度亲切的商业步行街、混合多元的业态布局、多样化的空间体验、连续性的视觉感受，使来德国小镇的人们能体验原汁原味的德国风情，享受生活的恬静、优雅、自然、悠闲，同时又不缺乏激情、冲击、回味和遐想。

周相涵

出生年月：1971年09月
职　　务：医疗健康事业部/技术部/副总经理
职　　称：高级工程师/国家一级注册建筑师

周相涵女士是医疗产品技术研发的负责人，熟知医院项目建设过程中的关键节点，擅长解决大型医院项目设计过程中的复杂问题。对医院建设中的前期医疗策划、设计管理、后期施工配合及医院的改扩建有着丰富的成果积累和经验总结，在项目实际问题的解决中起到重要作用。

教育背景
1988年—1992年　西安建筑科技大学/建筑学/学士
1994年—1997年　西安建筑科技大学/建筑学/硕士

工作经历
1993年—1994年　机械工业部十一设计研究院
1997年—2003年　上海医药设计院
2003年—2006年　中船第九设计研究院
2007年—2009年　HZS上海建筑设计咨询有限公司（美国）
2009年—2011年　中建国际设计顾问有限公司
2011年至今　　　CCDI悉地国际医疗健康事业部

主要设计作品
南昌大学第一附属医院象湖新城分院
华西医院嘉州分院
福建长乐人民医院
拜耳上海聚合物科研开发中心
胶州综合医疗中心
盐城妇幼保健院
南昌市洪都中医院新院
如东县人民医院门急诊楼
泰兴急救指挥大楼
泰兴中医院
中铁国际旅游度假区·贵阳太阳谷养生养老项目
北京诚和敬单店养生养老项目
上海第二老年康复医院
上海虹桥中药饮片厂
上海交通大学船舶海洋建工学院 国家重点实验室及学院办公大楼
哈尔滨工程大学动力实验楼
徐州国基新龙基项目
新江湾城项目
南昌市洪都中医院新院

谢昱

出生年月：1969年10月
职　　务：医疗健康事业部/技术部/副总监
职　　称：德国执业建筑师

熟练掌握工程设计和建设过程中各阶段的工作技术。特别是在医疗工程项目的设计中，熟悉医疗流程、医疗工艺和功能布局，擅长梳理复杂的流线要求以及空间与功能的有效结合。具有丰富的与境外建筑设计公司合作的经历，善于将境外先进的设计理念用于本土化的建筑设计中，提升项目价值。

教育背景
1988年—1991年　同济大学/建筑学/学士
1993年—2001年　德国斯图加特大学/建筑学与城市规划/硕士

工作经历
1995年　　　　　Kaufmann Theilig & Partner, Stuttgart, Germany
1996年—1999年　Architekten-Ingenieure Gesellschaft für Umweltplanung, Stuttgart, Germany
1999年—2001年　Park Raum, Stuttgart, Germany
2001年—2011年　HWP Planungsgesellschaft mbH, Stuttgart, Germany（德国三大著名医院设计公司之一，有40多年的历史）
2011年至今　　　CCDI悉地国际医疗健康事业部

主要设计作品
广州皇家丽肿瘤医院
上海中医药大学曙光医院科教综合楼
南京社会福利综合服务中心
泸州医学院医疗健康城（西南健康城）
南昌大学附属医院第一医院新院
武汉中法医院
上海出入境检验检疫局浦东保健中心
南京浦口新城医疗中心
江西九江医学院附属医院
伊斯坦布尔Okmeydani教学医院
瑞士Vevey市默沙东大型生物制药厂
沙特阿拉伯Al Qassim Al Rajhi大学和大学附属医院
韩国Yongin绿十字疫苗集团公司疫苗生产厂
德国德累斯顿葛兰素史克生物制药厂
武汉同济医院外科大楼
武汉同济医院蔡甸分院总体规划
德国德累斯顿AMD有限责任公司微电子产品生产和研发基地
广州医学院第一附属医院住院科技大楼
东莞康华医院
青岛薛家岛总体规划方案
北京2008奥林匹克公园总体规划方案
德国耶拿大学附属医院二期工程

田毅

出生年月：1977年06月
职　　务：医疗健康事业部/技术部/经理
职　　称：主治医师/执业医师

熟知医院运营与管理机制，理论与实践兼具，归国后致力于医疗设施规划、医疗工艺流程规划领域的研发与创新。将医疗临床专业与医疗工程设计作有效结合，协助院方解决管理定位、功能模式、业务发展、项目开发、管理运营、设计整合等多层面的工作。

教育背景
1996年—2001年　黑龙江中医药大学/中医临床本科/学士
2001年—2004年　黑龙江中医药大学/中医基础理论专业/硕士
2004年—2007年　黑龙江中医药大学/中医基础理论专业/博士
2008年05月—07月　卫生部/干部培训中心/医疗卫生管理干部培训班
2009年—2010年　加拿大红河学院/高级英语/专业英语

工作经历
2002年—2004年　黑龙江普仁中医药研发中心
2005年—2006年　国家中医药管理局
2007年—2009年　中国中医科学院
2010年—2011年　加拿大密斯瑞科迪雅医院
2011年11月至今　CCDI悉地国际医疗健康事业部

个人荣誉
2004年　中华中医药科技进步一等奖
2005年　中华人民共和国科技进步二等奖

主要设计作品
四川省儿童医学中心
天津滨海新区蓝白领医院
湖南益阳康雅医院
南昌大学第一附属医院新院
大连医科大学附属二院旅顺医疗中心
四川华西医院乐山嘉州分院
胶州综合医疗中心
北京诚合敬综合养老康复社区
江西九江医院
深圳大鹏新区人民医院
上海中医药大学曙光医院
新华体检中心
南宁合众人寿健康谷
广东医学院附属（湛江）医院海东院区
四川省眉山市人民医院
四川省南充市中心医院
上海嘉定区中心医院
贵州贵阳中铁国际旅游养生区康养项目
北京城乡旅游文化养生中心

地址：上海市杨浦区四平路1758号CCDI大厦
电话：021-61803333
传真：021-61803000
网址：www.ccdi.com.cn
电子邮箱：all@ccdi.com.cn

CCDI医疗健康以"国际化视野、地域化实践"为专业化发展理念，依托CCDI多专业多维度的资源和技术能力，服务于"大健康产业"中广大医疗卫生领域、健康康复领域、养老养生领域、生物制药领域，提供专业的工程设计与咨询解决方案，努力实现"通过建筑设计方案，服务基础建设与运营管理提升；运用工程技术手段，促进健康产业孵化与共同发展"的服务宗旨。

THE FIRST AFFILIATED HOSPITAL OF NANCHANG UNIVERSITY XIANGHU XINCHENG BRANCH

南昌大学第一附属医院象湖新城分院

项目业主：南昌大学第一附属医院　　建设地点：江西 南昌
建筑功能：医疗建筑　　　　　　　　用地面积：330 633平方米
建筑面积：631 600平方米　　　　　设计时间：2012年
项目状态：在建　　　　　　　　　　设计单位：CCDI悉地国际
主创设计：陆希、谢昱

　　项目是集医、教、研、康复、急救以及老年病医治于一体的现代化综合医院，包括门急诊、住院、医技用房等医疗综合区、康复医疗中心、国际学术交流中心、老年公寓区，预备分两到三期建设完成，是国内迄今为止规模最大的综合性医院项目之一。

　　建筑师为解决超大型医院诊疗距离较长的问题，在一个标准模块内综合一次候诊、普通门诊、专家门诊、小型医技检查、辅助治疗、医生办公等功能，最大限度缩短病人就诊流线。在标准功能模块的基础上，可任意改造出适合各个科室功能要求的单元模块，医院未来可依据"抽屉理论"轻松实现模块功能调整，适应不断发展进步的医疗科技要求，延长医院的使用寿命。

CANCER DIAGNOSIS AND TREATMENT CENTER BUILDING OF FUJIAN CANCER HOSPITAL

福建省肿瘤医院肿瘤诊疗中心大楼

项目业主：福建省肿瘤医院　　　　建设地点：福建 福州
建筑功能：医疗建筑　　　　　　　建筑面积：73 000平方米
设计时间：2010年　　　　　　　　项目状态：建成
设计单位：CCDI悉地国际　　　　　主创设计：郑伟琪、王宇飞

　　福建省肿瘤医院是福建省唯一一所集肿瘤医疗、预防、科研、教学、培训于一体的省级三级甲等肿瘤专科医院。为充分有效地利用医院现有的土地、人才、设备资源，按城市规划部门的规划要求，通过新建肿瘤诊疗中心大楼，设置住院病房、洁净手术部、重症监护室、医技科室、保障系统等医疗用房，合理调整全院医疗用房布局，达到既新增床位又改善原有床位的目标。充分利用医院专科的优势，扩大床位规模，提升收容能力，添置诊疗设备，改善医疗服务设施，提高医技水平，从而更好地满足社会需求。

　　建筑总体布局和造型充分体现热爱生命、尊重生命、以病人为中心的主体形象，形成医院独特的文化氛围。以医院为核心，以完善的医疗保障体制为后盾，以数字化医院为手段，改变传统的治病就医观念，满足人民的健康服务需求，为福州市及周边地区提供国际水准的医疗服务。

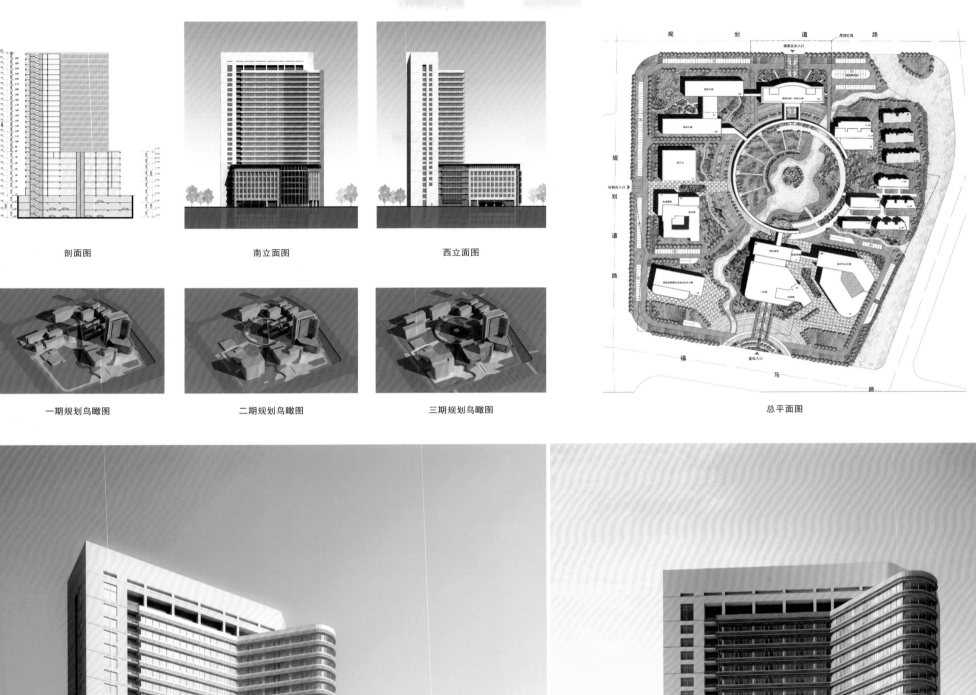

剖面图　　　　　　　　　南立面图　　　　　　　　　西立面图

一期规划鸟瞰图　　　　　二期规划鸟瞰图　　　　　三期规划鸟瞰图

总平面图

NEW MEDICAL COLLEGE OF SHANTOU UNIVERSITY

汕头大学新医学院

项目业主：汕头大学　　　　　　　建设地点：广东 汕头
建筑功能：医疗建筑　　　　　　　用地面积：45 637 平方米
建筑面积：42 560平方米　　　　　建筑高度：52.9米
设计时间：2011年　　　　　　　　项目状态：建成
设计单位：CCDI悉地国际　　　　　参与设计：Herzog&de Meron（瑞士）
主创设计：Herzog&de Meron（瑞士）

　　汕头大学主校区是新的汕头大学医学院的主要建筑，建筑地面以下1层，地面以上11层，由南北两个塔楼和顶层的一层连体组成"管状"建筑。建筑内设有教室、实验室、会议室、办公室和模拟医院等功能。

　　汕头大学医学院主楼以功能空间环绕在中庭空间周围的组合方式，衍化出其独有的个性。这一遮阴避雨且通风良好的室外空间是学术活动的中心，是充满活力的校园生活的主广场，并且是连接全部设施及功能的重要枢纽。建筑的功能布局保持教学和实验室部分的视觉连贯性。优化的建筑朝向、楼面进深和自然通风保证建筑的可持续性和能源意识活动。

　　汕头大学医学院占据着校园中的重要位置，连接着现有校区和规划校区。新医学院基地与中央公园东侧直接相接并延续至西南侧的规划校区。建筑朝向与地理南北轴线之间的10度转角，优化了投射入建筑的日照光线；同时使建筑融入新图书馆、中央公园和美丽的自然环境之中。

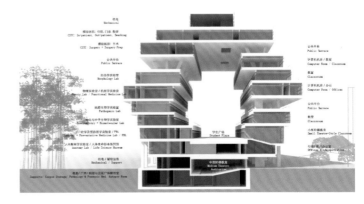

总体效果示意图

CHONGQING YUBEI DISTRICT PEOPLE'S HOSPITAL

重庆渝北区人民医院

项目业主：重庆市渝北区人民医院
建设地点：重庆
建筑功能：医疗建筑
用地面积：89 343平方米
建筑面积：207 310平方米
设计时间：2013年
项目状态：在建
设计单位：CCDI悉地国际
主创设计：王秋萍

重庆市渝北区人民医院是一所集医疗、教学、急救、康复、科研、预防等于一体的综合性国家二级甲等医院，是渝北区医疗业务技术指导中心和医疗急救中心，渝北区城镇职工基本医疗保险、工伤险、生育险、伤残鉴定和城乡居民合作医疗保障的定点单位；同时担负着重庆医科大学、重庆职工医学院、重庆卫校等院校的教学实习任务。按照重庆市政府及市发改委对重庆市医疗卫生的规划要求，未来5年内，渝北区人民医院将在新址创建三级甲等医院，并将其作为即将挂牌的两江新区的核心医疗中心。

为适应医院未来发展的灵活性，满足医院对未来发展的需求，同时也为了使医院的功能分区明确、功能更加完善，本设计采用由内而外的模块化建筑布局，布置三个模块，门诊模块、医技模块、住院模块，三者之间为开敞的庭院，使未来建成的重庆市中心医院具有更大的灵活性、扩展性和导向性。